高职高专机电类专业统编教材
全国水利水电高职教研会组编

机械制图习题集

（近机械类）

主　编　徐跃增
副主编　何发伟
主　审　张多峰

黄河水利出版社

内 容 提 要

本书是高职高专机电类专业统编教材，是根据全国水利水电高职教研会制定的《机械制图习题集》课程教学大纲编写完成的。本书共分12章，主要内容有：制图的基本知识，投影的基本知识，点、直线、平面的投影，基本体的三视图，轴测图，基本体的截交线与相贯线，组合体的视图与识读，机件常用表达方法，标准件与常用件，零件图，装配图，电气工程制图基础等。各章习题侧重对学生空间思维能力和看图能力的培养，题型编排上采取由浅入深、由点到面的训练思路，并配有部分难度较大的题目供教学过程选用。

该书与张多峰主编的《机械制图(近机械类)》（黄河水利出版社出版）配套使用，可作为高等职业技术学院、高等工程专科学校、成人高等院校机械类或近机械类专业《机械制图》的配套教材，也可供有关工程技术人员参考。

图书在版编目(CIP)数据

机械制图习题集：近机械类／徐跃增主编. —郑州：黄河水利出版社，2008.11
高职高专机电类专业统编教材
ISBN 978-7-80734-442-1

Ⅰ.机… Ⅱ.徐… Ⅲ.机械制图-高等学校：技术学校-习题 Ⅳ.TH126-44

中国版本图书馆CIP数据核字(2008)第133897号

组稿编辑：王路平 电话：0371-66022212 E-mail：hhslwlp@126.com
简 群 66026749 w_jq001@163.com

出 版 社：黄河水利出版社
地址：河南省郑州市金水路11号 邮政编码：450003
发行单位：黄河水利出版社
发行部电话：0371-66026940、66020550、66028024、66022620(传真)
E-mail：hhslcbs@126.com
承印单位：黄河水利委员会印刷厂
开本：787 mm×1 092 mm 1/16
印张：15.75
字数：180千字 印数：1—4 100
版次：2008年11月第1版 印次：2008年11月第1次印刷

定价：23.00元

前　言

本书是根据教育部《关于加强高职高专教育人才培养工作意见》和《面向 21 世纪教育振兴行动计划》等文件精神，以及由全国水利水电高职教研会拟定的教材编写规划，报水利部批准，由全国水利水电高职教研会组织编写的机电类专业全国统编教材。

本书的编写执行 2003 年新颁布的《机械制图》国家标准和 1998 年正式实施的《技术制图》国家标准。本书结合当前国家对高职高专教育人才培养目标的要求，以岗位技能要求为培养目标，以必需、够用为度，严格控制教学内容和教学难度，体现高职教育的特色，使之符合高职学生的知识基础和认知能力。

在教材编写过程中，编者结合长期积累的课程教学实践经验，广泛吸取兄弟院校同类教材的优点，力求做到与工程实际相结合，精选图例和习题。本书在各章习题内容的编排上，侧重对学生空间思维能力、绘图能力和读图能力的培养。题型编排上采取由浅入深、由点到面的训练思路，并配有部分难度较大的题目(题号前带“*”号者)供教学过程中选用，教师可根据教学课时数和教学要求按一定的深度、广度进行取舍，使之有利于课堂教学组织。

本书编写工作人员及编写分工如下：浙江同济科技职业学院徐跃增编写第四章、第五章、第六章、第七章、第十章、第十二章(部分)；重庆水利电力职业技术学院何发伟编写第二章、第三章、第十一章、第十二章(部分)；浙江同济科技职业学院单澜编写第八章；广西水利电力职业技术学院邓岐杏编写第九章；安徽水利水电职业技术学院王礼鹏编写第一章。本书由徐跃增担任主编，并负责全书统稿，由何发伟担任副主编，由山东水利职业学院张多峰担任主审。

该书与张多峰主编的《机械制图(近机械类)》(黄河水利出版社出版)配套使用，可作为高等职业技术学院、高等工程专科学校、成人高等院校机械类或近机械类相关专业《机械制图》的配套教材，也可供有关工程技术人员参考。

本书在编写过程中得到相关专业专家的帮助与指教，在此对所有引用参考文献的作者(包括因时间及其他原因联系不上的作者)，表示衷心的感谢，并欢迎联系与交流。

由于编写时间仓促，编写人员较多，编者水平有限，本书在内容选择、篇幅大小、表达深浅、图文体例等方面存在许多不足，热忱欢迎读者朋友批评指正。

编　者

2008 年 6 月

目　录

在已知图形(线)的右边，按1:1抄绘图形(线)。

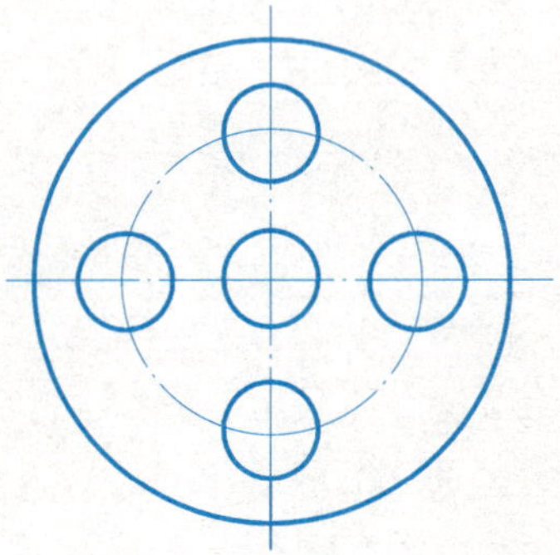

1-1	图线练习	班级		学号		姓名		审阅		日期		1

1.汉字——长仿宋体，书写要求：字体工整、笔画清楚、间隔均匀、排列整齐。

工 程 制 图 机 械 零 件 螺 纹 连 接 电 气 设 备 投 影 规 律 审 核 材 料

1－2	字体练习	班级		学号		姓名		审阅		日期	

2.数字和字母。

A B C D E F G H I J K L M N O P Q R S T U V W X

Y Z

A B C D E F G H I J K L M N O P Q R S T U V W X

Y Z

a b c d e f g h i j k l m n p q r t u v w x y z

0 1 2 3 4 5 6 7 8 9

1－3	字体练习	班级		学号		姓名		审阅		日期		3

按1:1的比例在右边抄画，并标注尺寸。

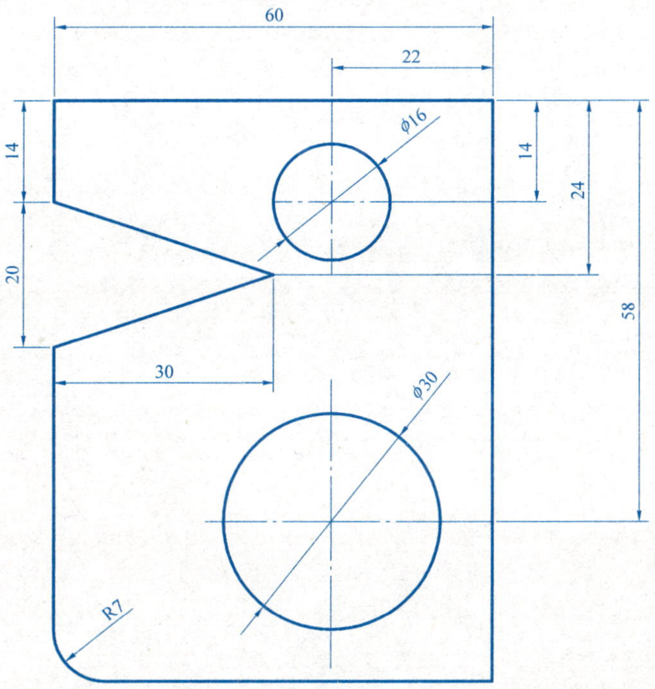

1.标注圆直径。

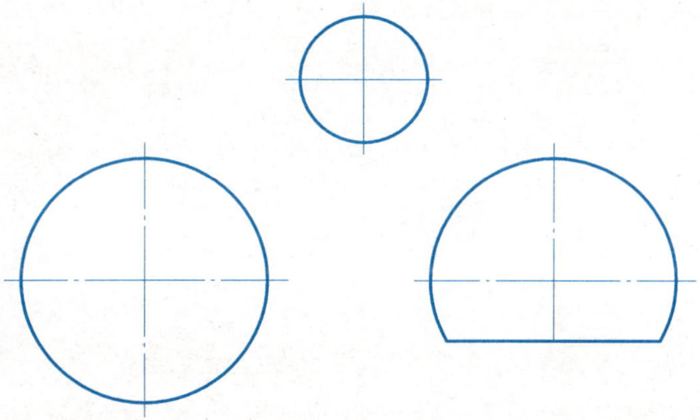

2.小尺寸标注。

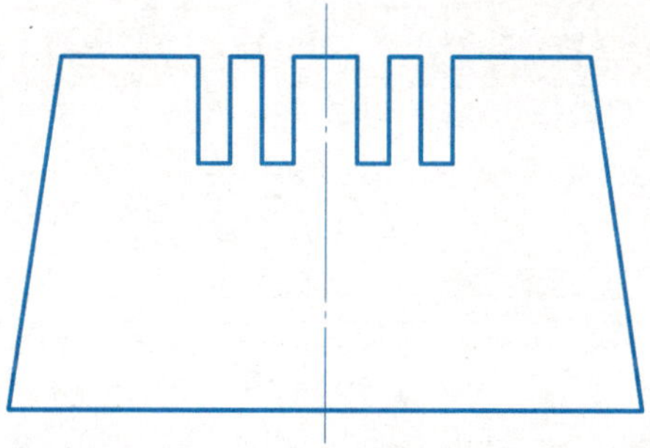

3.圆弧半径标注。

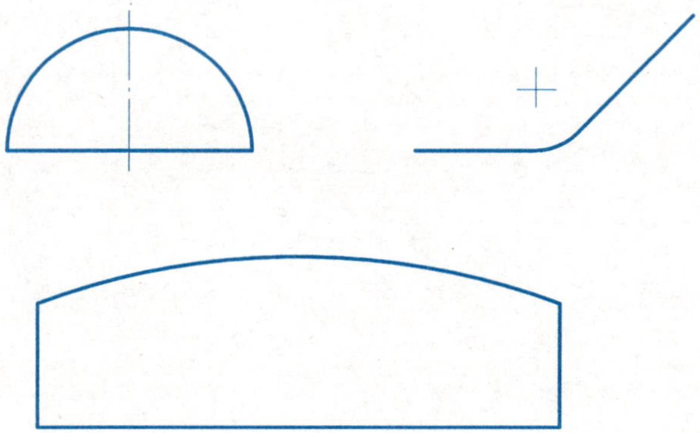

4.标注球体和球面的尺寸。

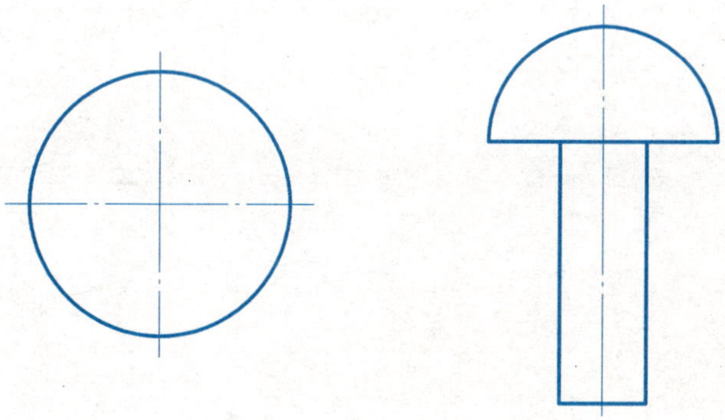

1－5	尺寸标注练习(一)	班级		学号		姓名		审阅		日期		5

标注下列图形的尺寸。

(1)

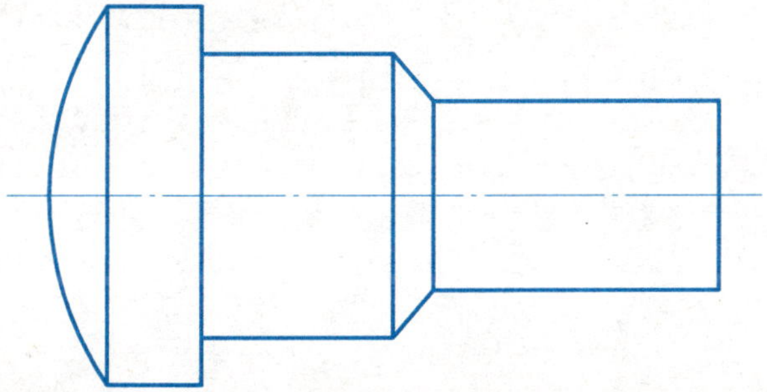

(2)

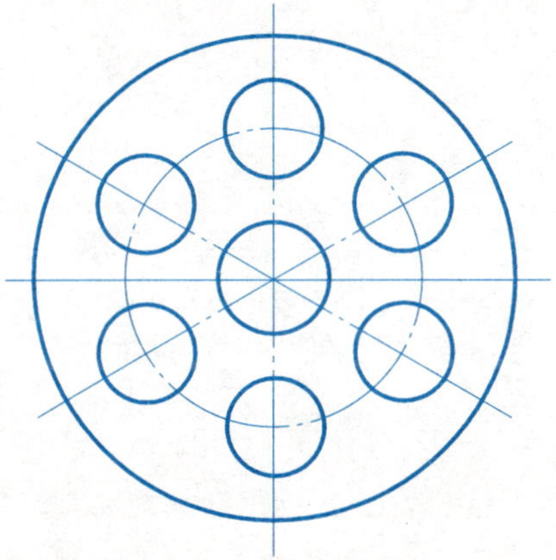

(3)

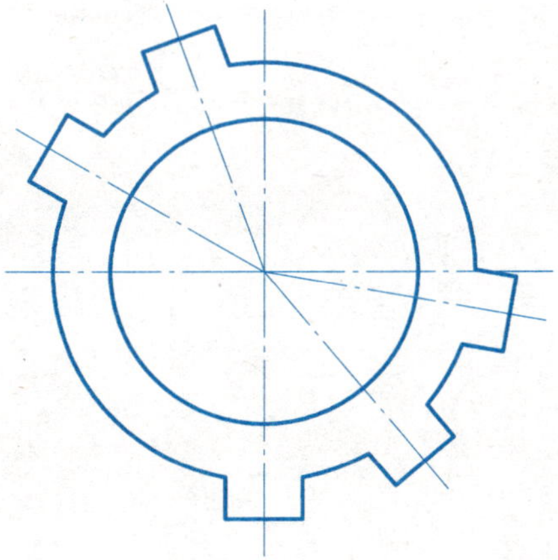

(4)

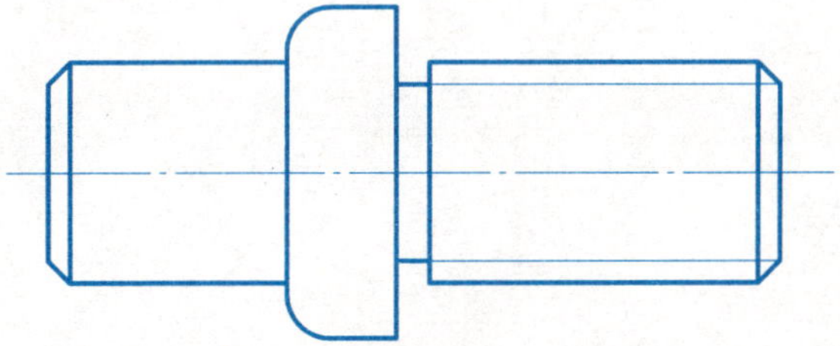

1. 根据 1:1 图形，标注其他图形比例。

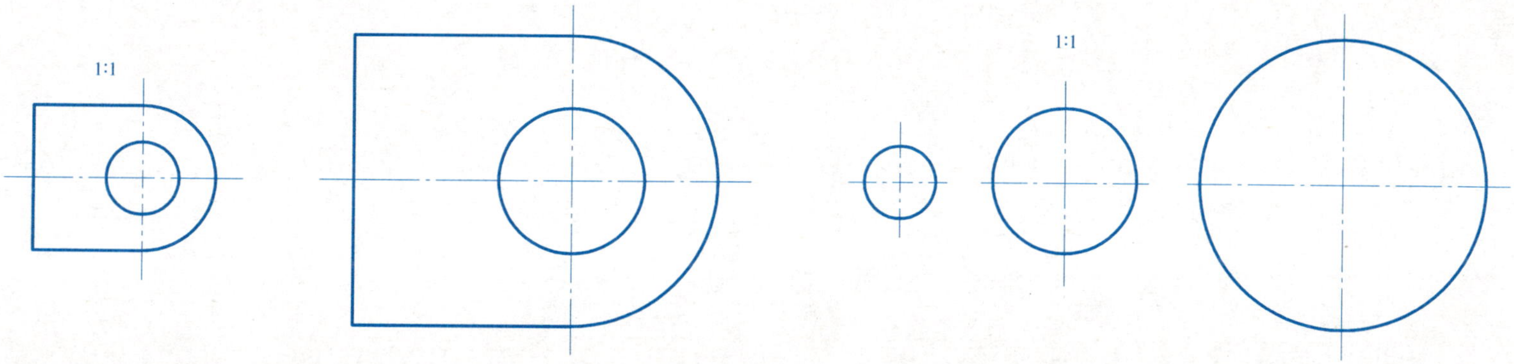

2. 标注斜度和锥度。

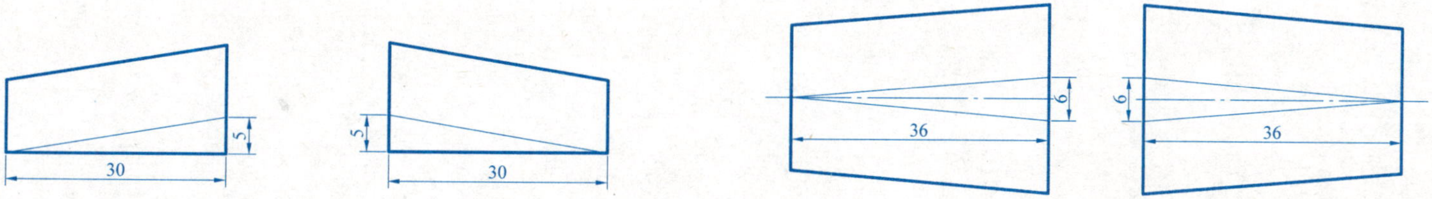

1－7	尺寸标注练习(三)	班级		学号		姓名		审阅		日期		7

在下方抄画锥轴图形。

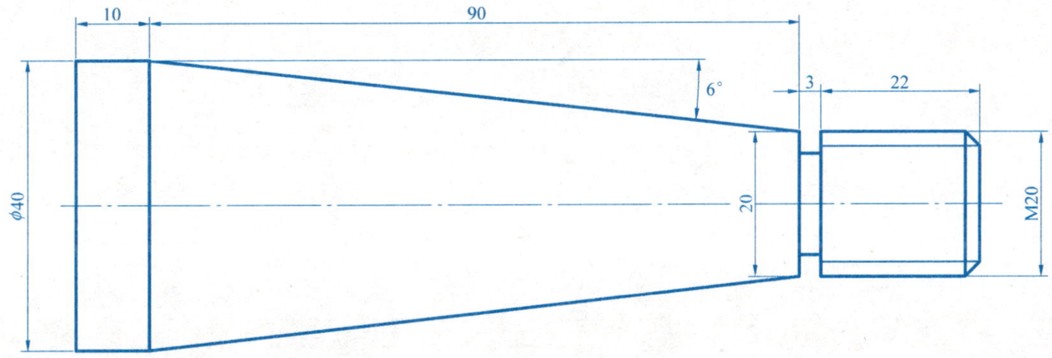

用A3图纸抄绘下面图形。

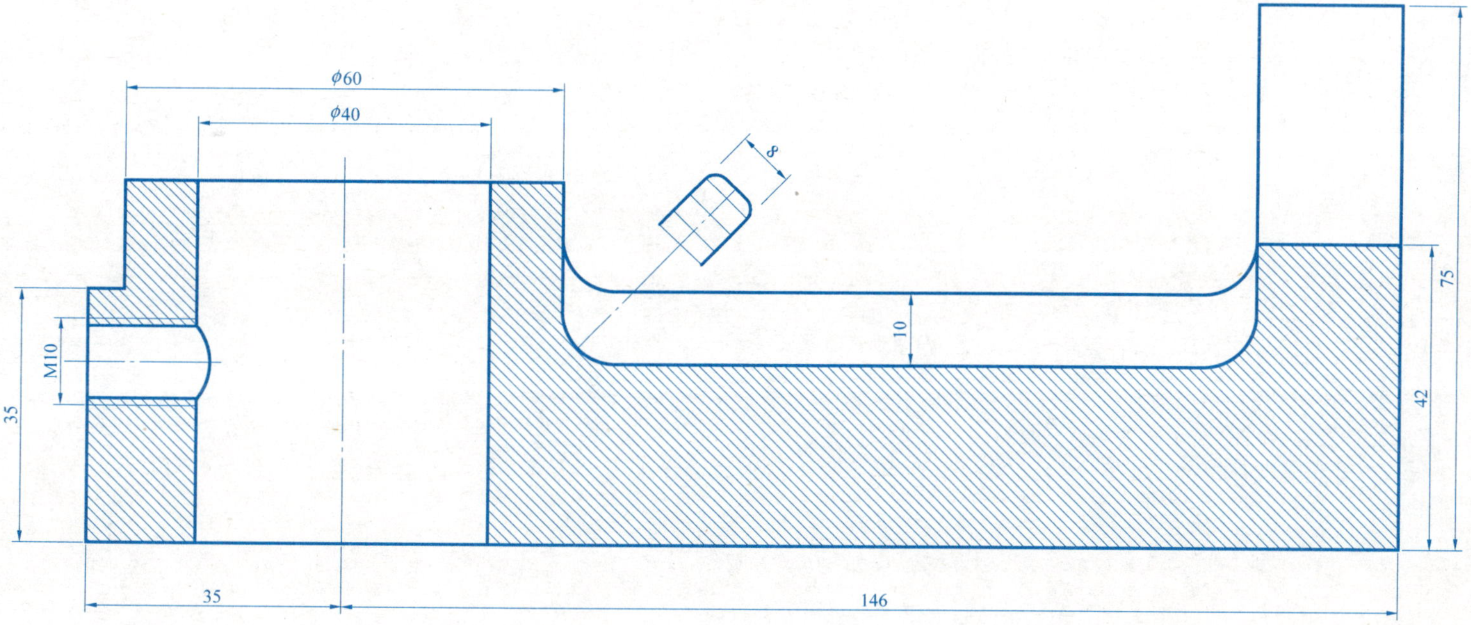

在原图形下方抄画等分圆周图形。

(1)

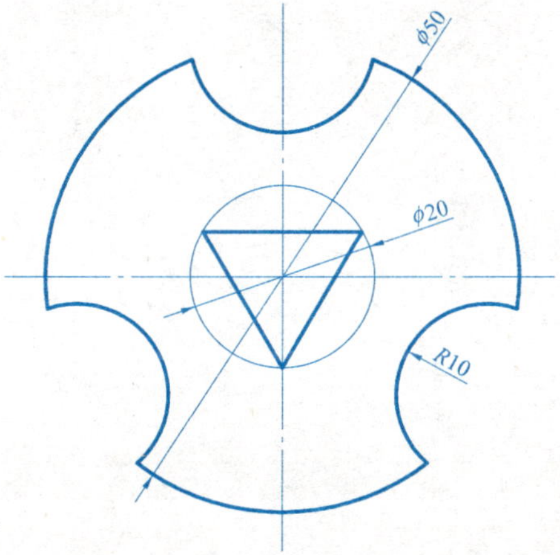

(2)

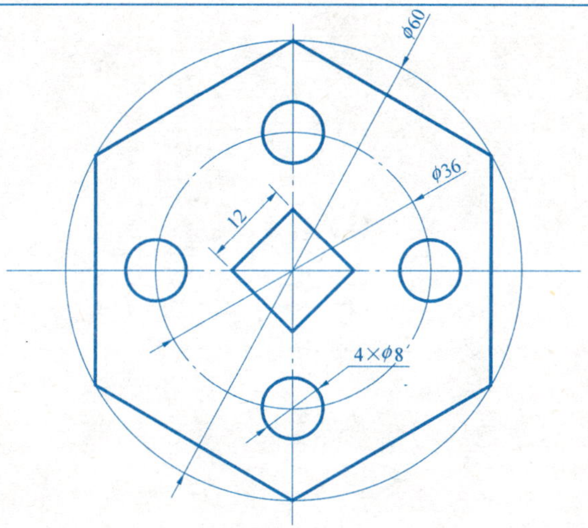

抄画椭圆图形。

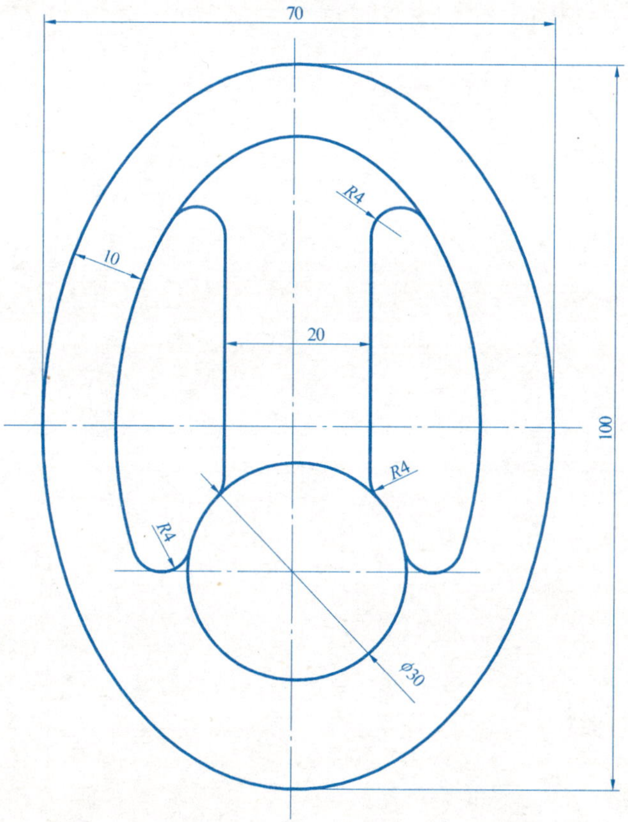

圆弧连接，用已知圆弧半径连接图线。

(1)

(2)

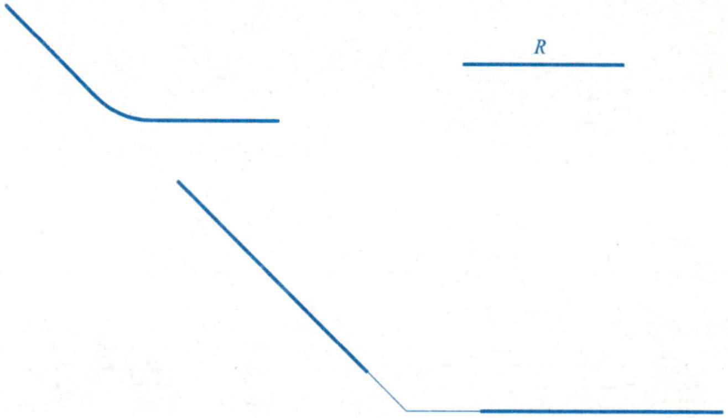

(3)

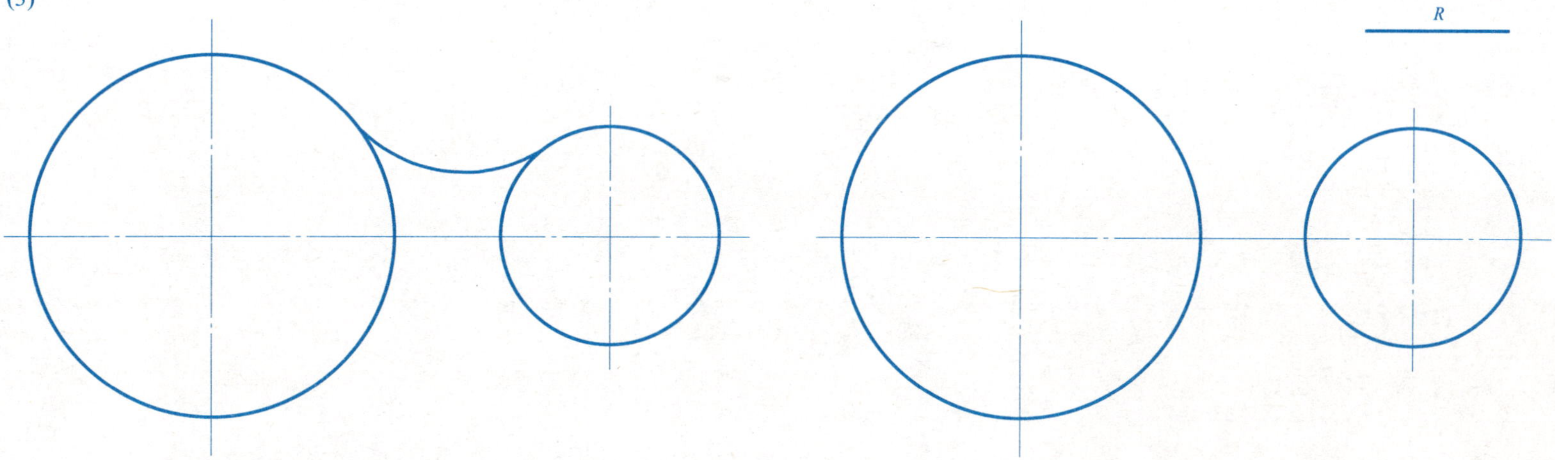

1 - 12	几何作图(二)	班级		学号		姓名		审阅		日期	

在图形下方抄绘图形

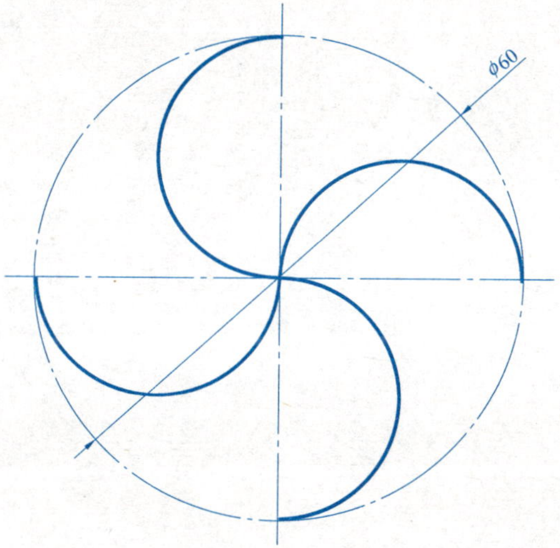

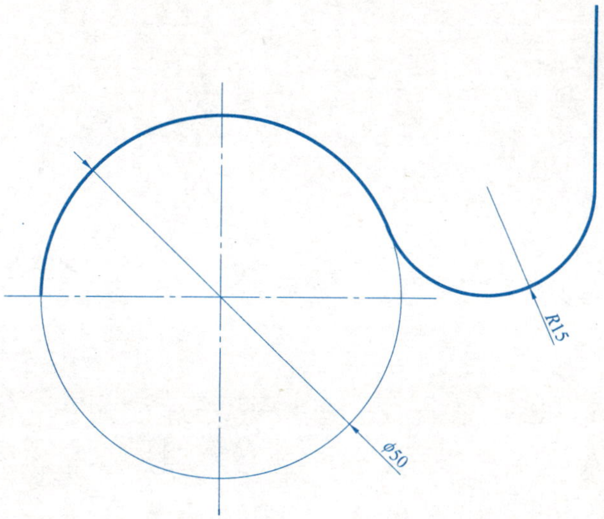

用A3图纸抄画吊钩图形。

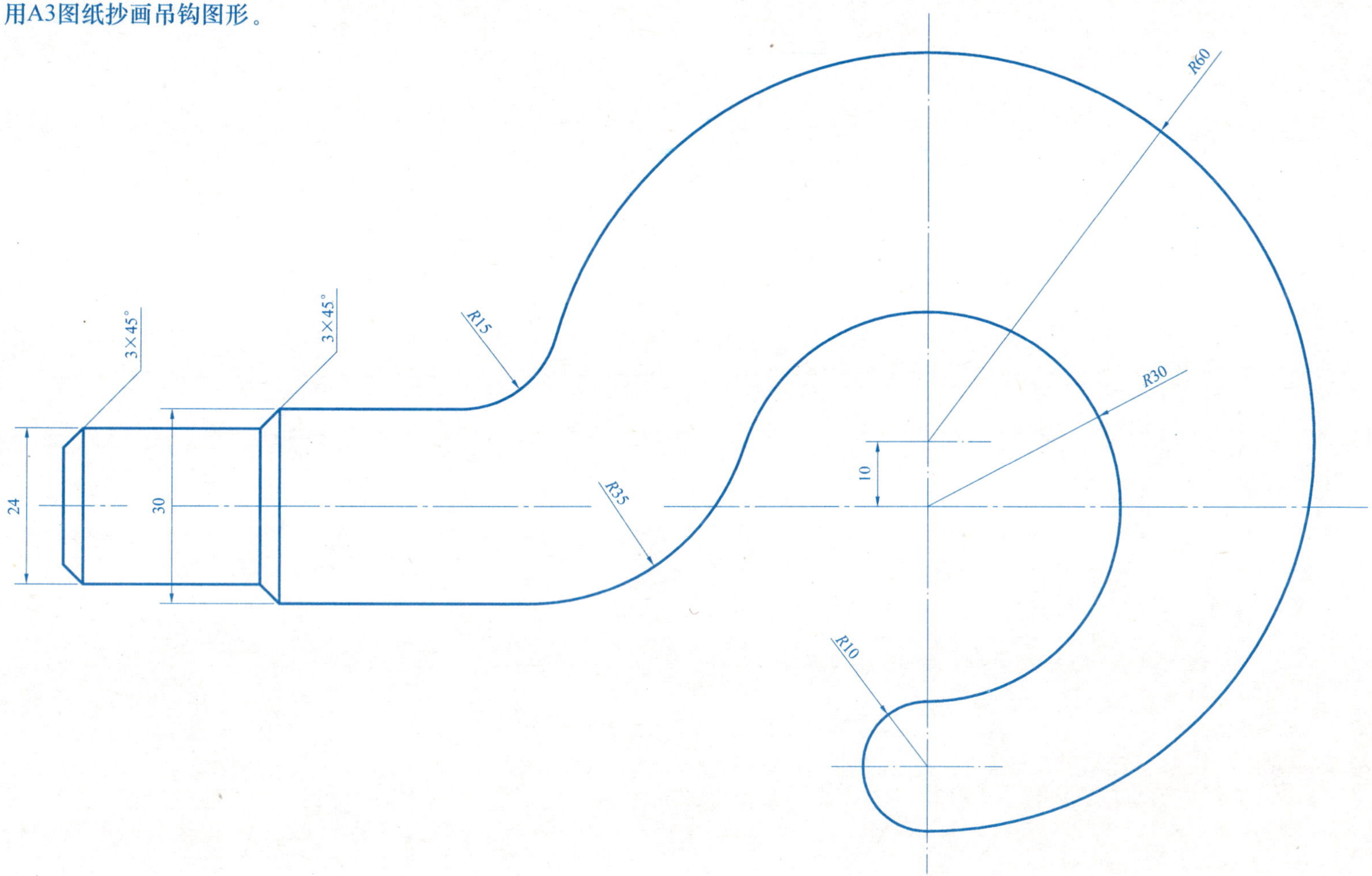

分析并抄画平面图形。

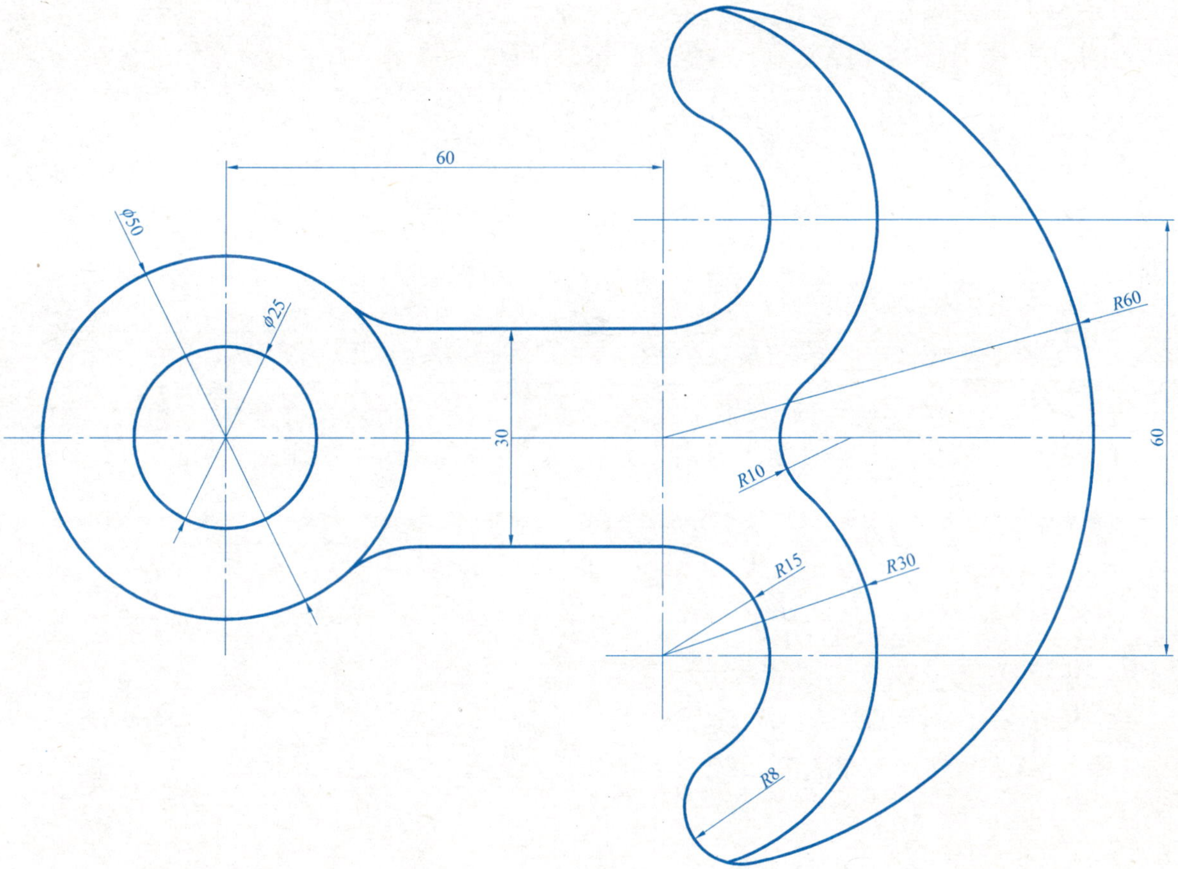

分析并抄画平面图形。

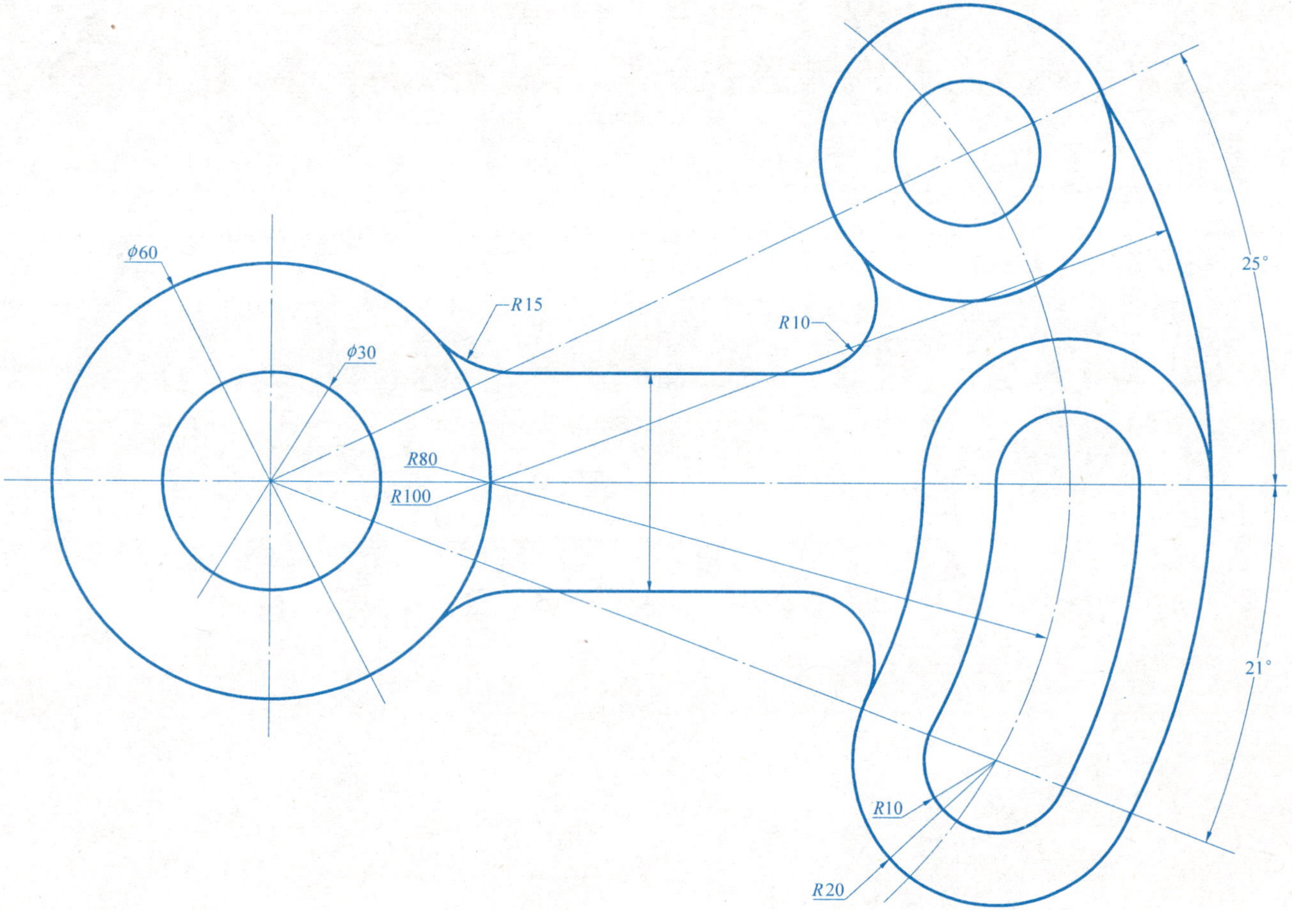

第二章　投影的基本知识

1. 根据立体图，在三视图中填写视图的名称。

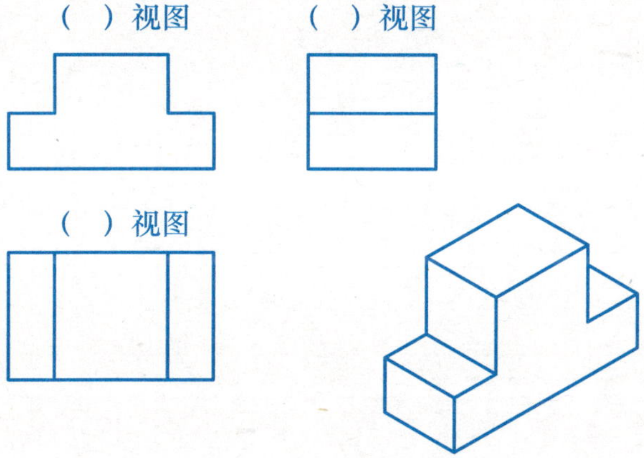

2. 根据立体图，在三视图中填写视图的名称。

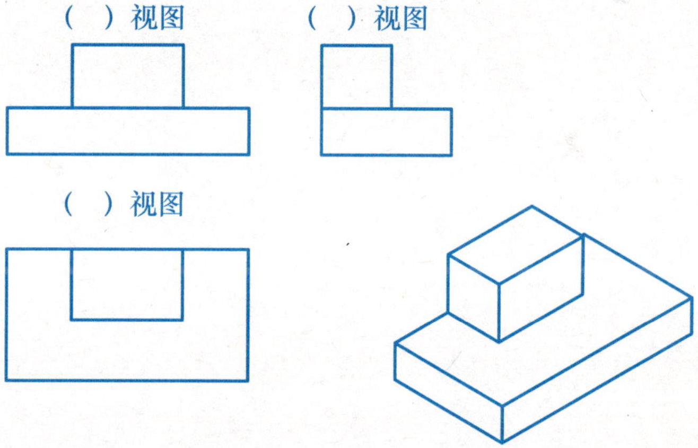

3. 参照立体图，在三视图的尺寸线上填写长、宽和高。

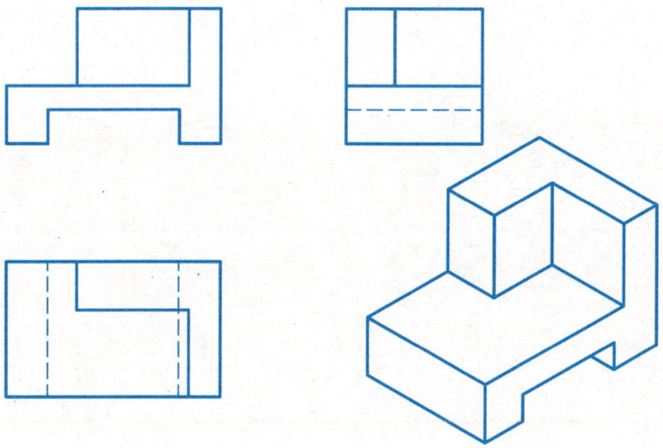

4. 参照立体图，在三视图中填写物体的方位。

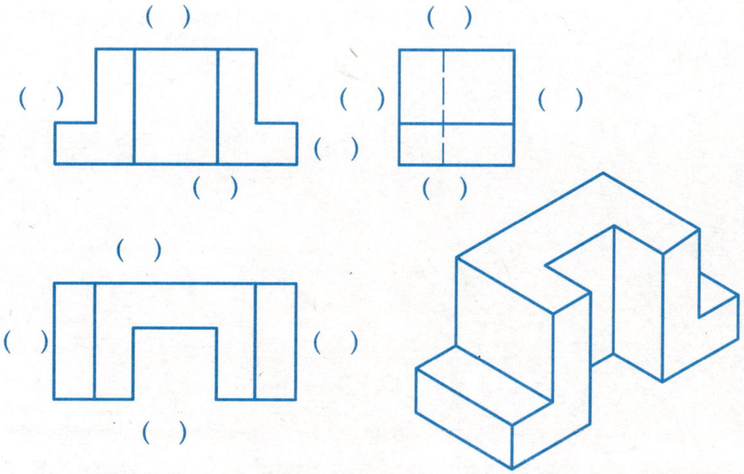

观察物体的三视图，在立体图中找出相应的物体，填写对应的序号。

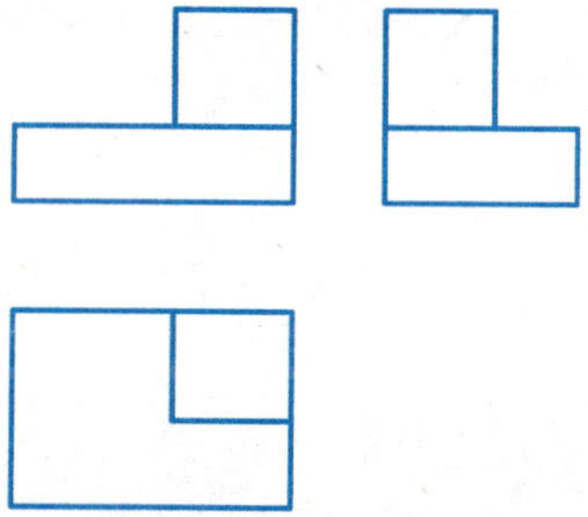

（ ）

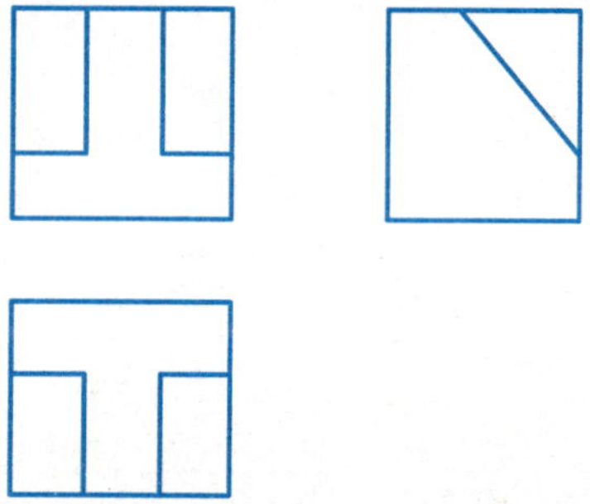

（ ）

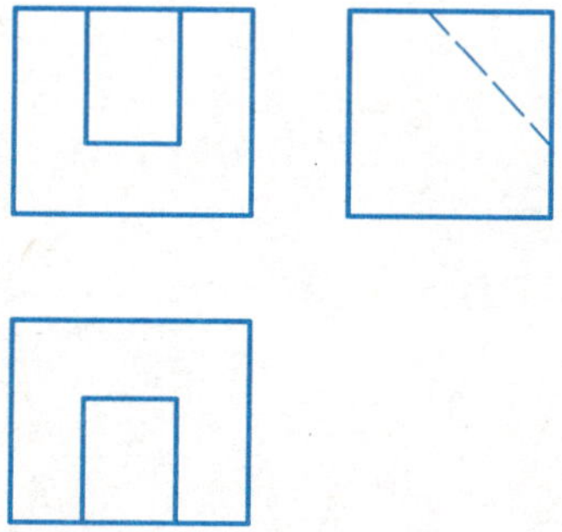

（ ）

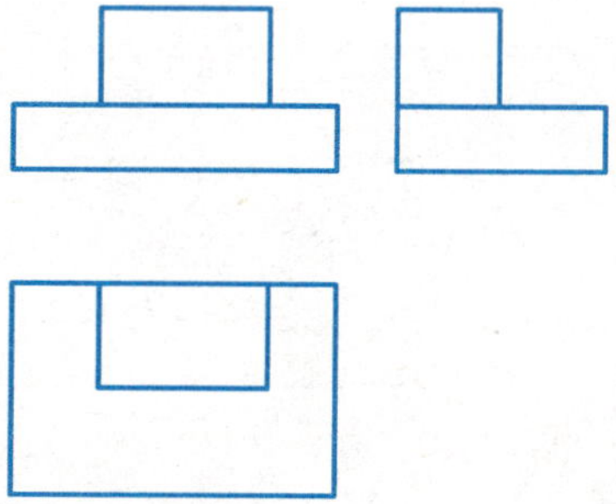

（ ）

(1)

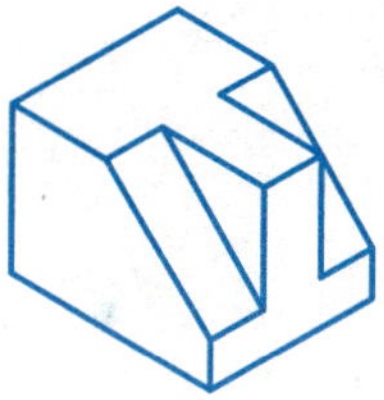

(2)

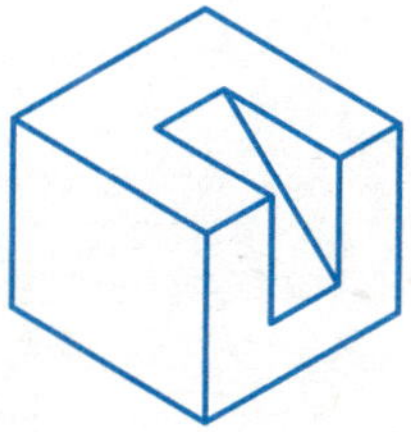

(3)

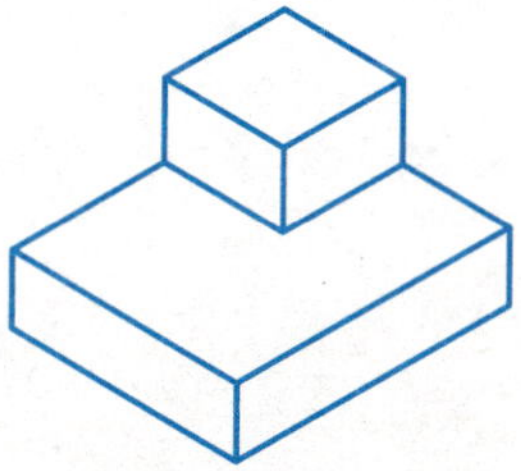

(4)

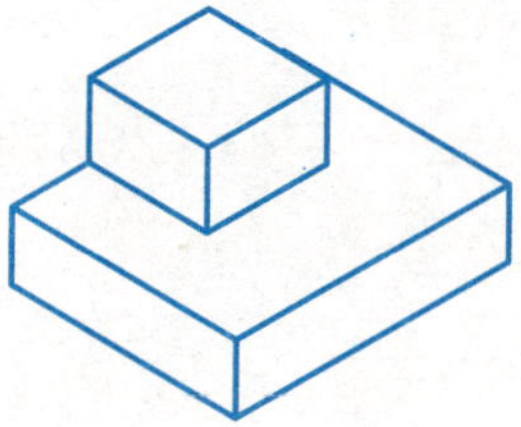

根据立体图辨认其相应的两视图，并补画出所缺的第三个视图。

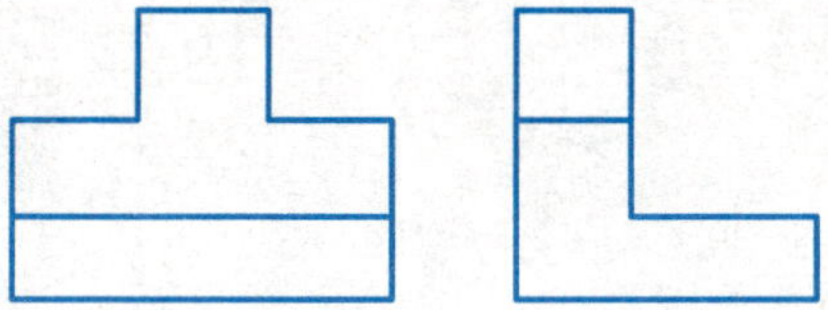

（ ）

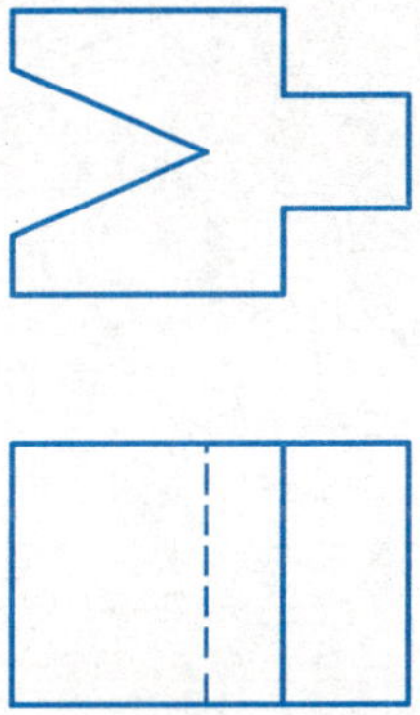

（ ）

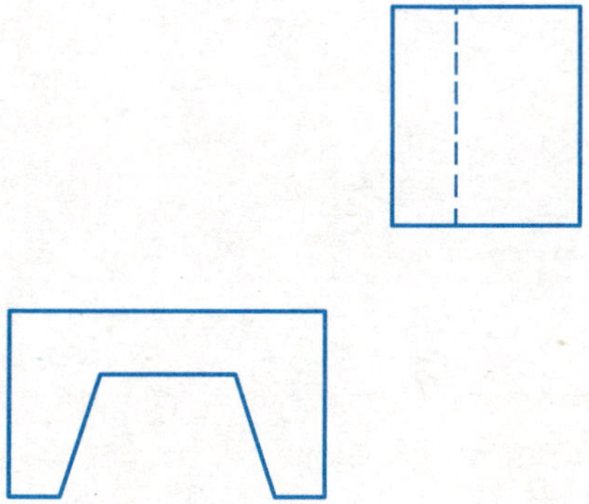

（ ）

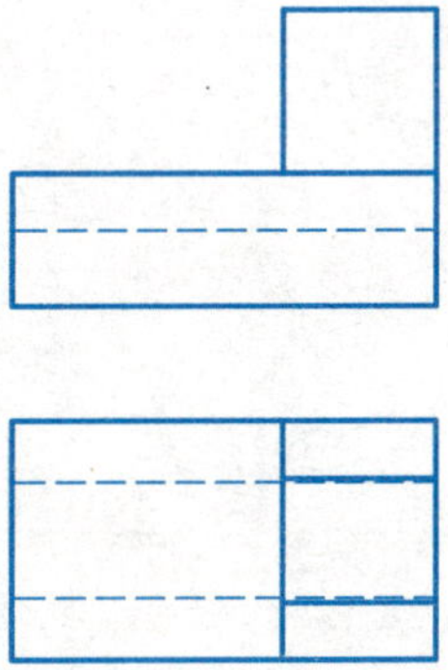

（ ）

(1)

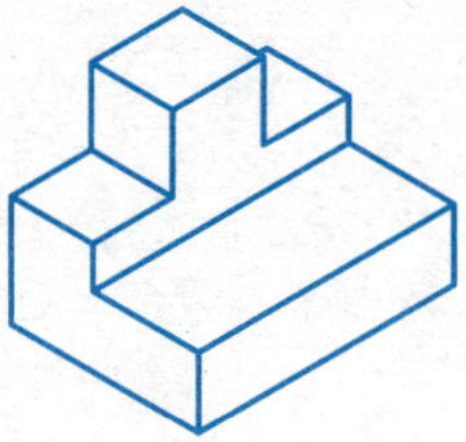

(2)

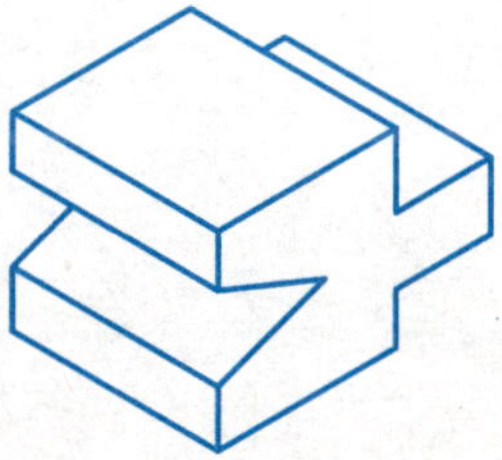

(3)

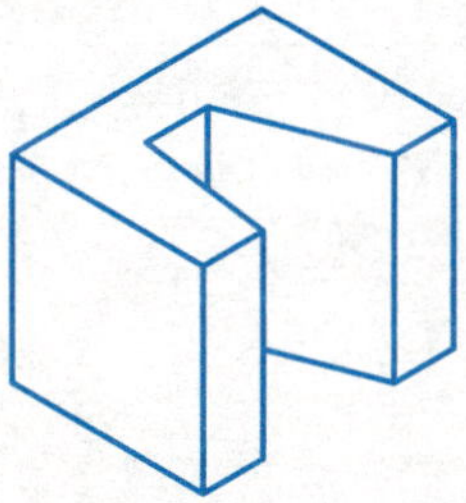

(4)

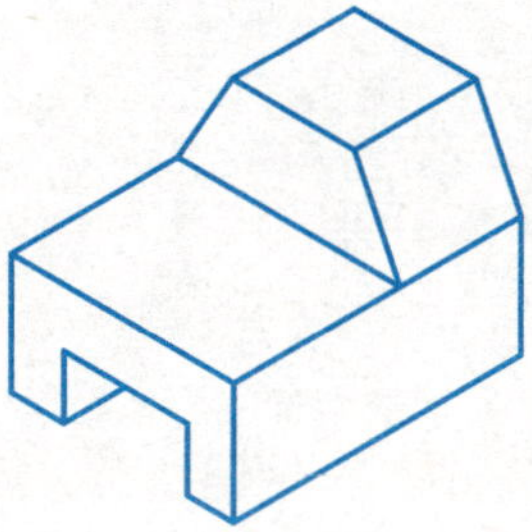

根据立体图，画三视图。尺寸从图中量取，比例 1:1，用 A4 纸。

1.

2.

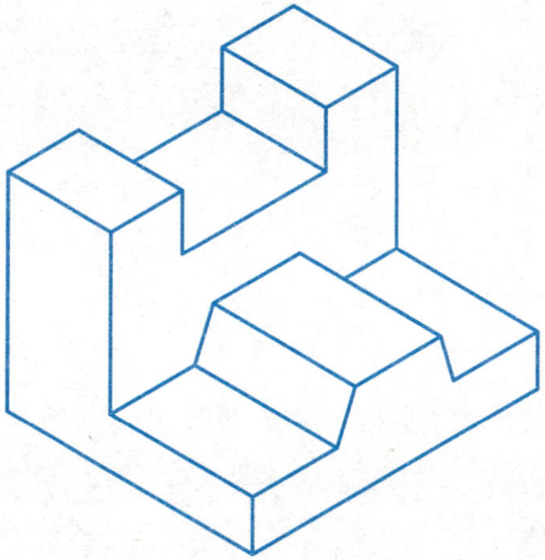

3.

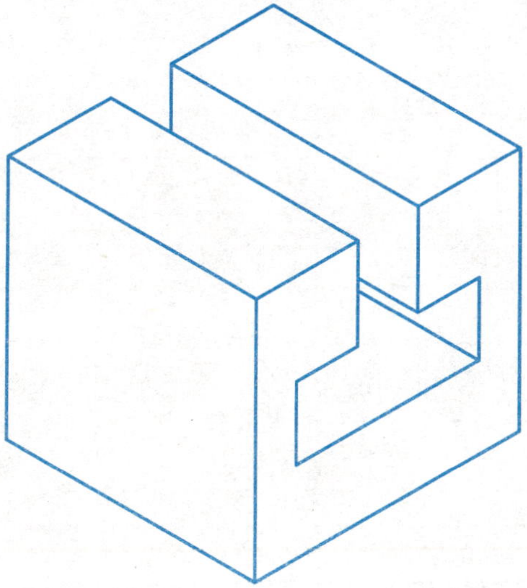

4.

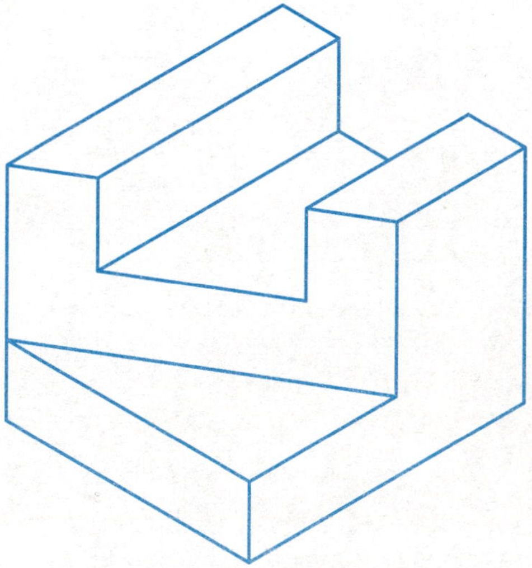

第三章　点、直线、平面的投影

1. 根据点坐标 $A(20,15,10)$、$B(20,10,0)$，作出点的三面投影，并想象该点的空间位置。

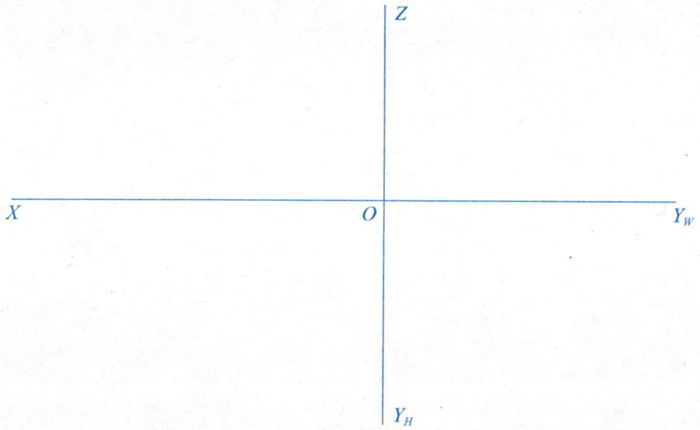

2. 已知点的两面投影，求作第三面投影。

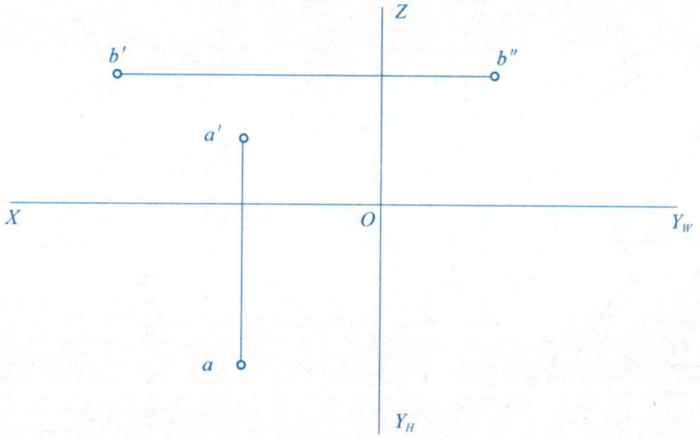

3. 已知 A 点距 H 面 20 mm，距 W 面 15 mm，距 V 面 25 mm；点 B 距 W 面 30 mm，距 H 面 24 mm，距 V 面 10 mm。求作 A、B 两点的三面投影。

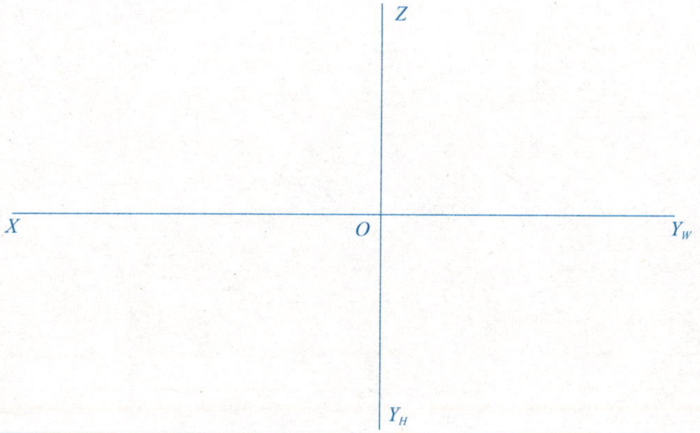

4. 判断点的相对位置。

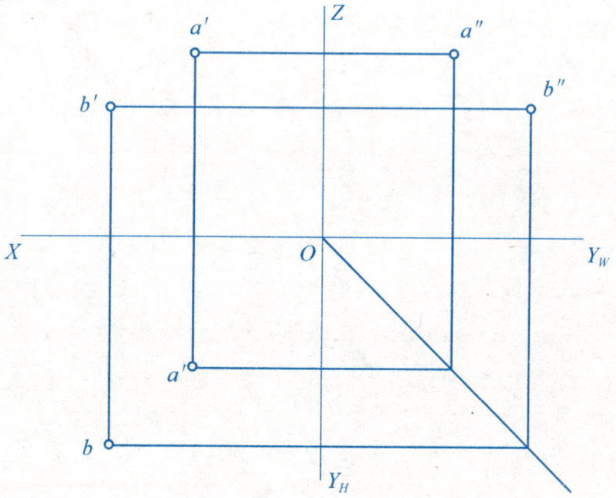

A 点在 B 点之____，
A 点在 B 点之____，
A 点在 B 点之____。

3－1	点的投影(一)	班级		学号		姓名		审阅		日期		21

1. 根据点坐标，作点的三面投影，并说明其空间位置。

	x	y	z
A	15	20	10
B	30	0	15
C	25	30	0
D	0	25	20

A 点在空间，B 点在____，
C 点在____，D 点在____。
____点最高，____点最低，
____点最前，____点最后，
____点最左，____点最右。

2. 已知 A 点的投影，且 B 点在 A 点之右 25 mm，之后 20 mm，之下 30 mm，求 B 点的三面投影。

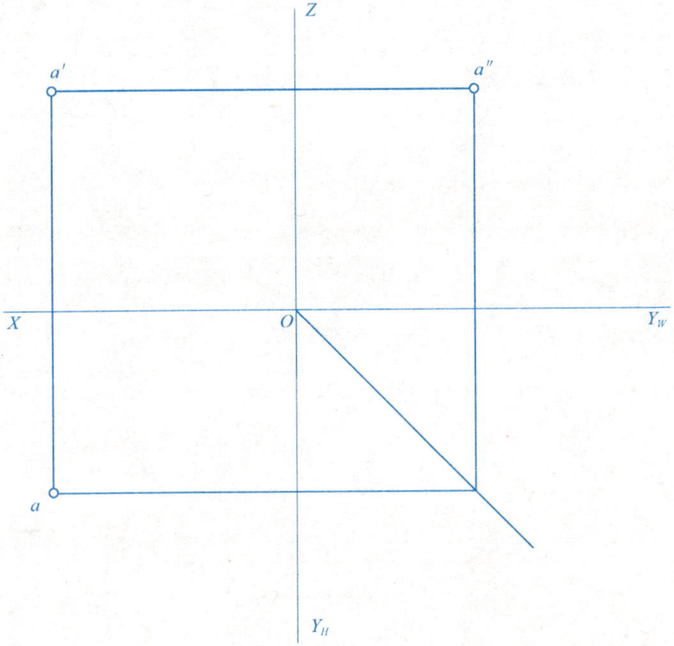

1. 根据直线的投影性质填空。

直线对于一个投影面的投影特性：
当线段平行于投影面时，得到的投影________，
具有________性；
当线段垂直于投影面时，得到的投影________，
具有________性；
当直线倾斜于投影面时，得到的投影________，
具有________性。

2. 根据空间线段 *AB* 在直观图上的投影，完成其三面投影。

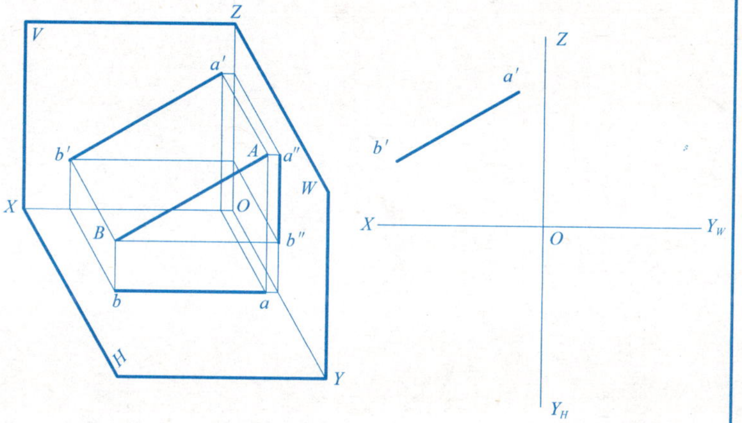

3. 根据空间线段 *AB* 在直观图上的投影，完成其三面投影。

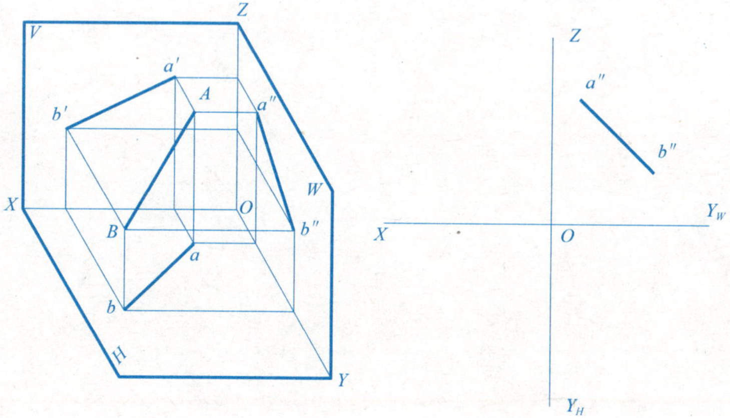

4. 根据空间线段 *AB* 在直观图上的投影，完成其三面投影。

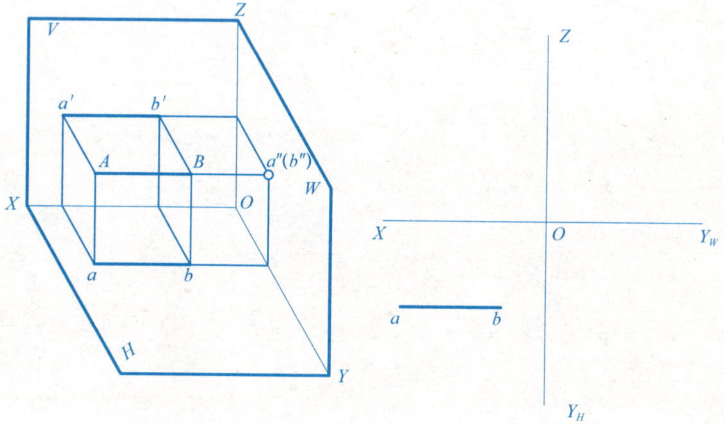

1. 判断直线对投影面位置填空。

直线与投影面垂直

铅垂线与 H 面____，与 V 面____，与 W 面____。

正垂线与 H 面____，与 V 面____，与 W 面____。

侧垂线与 H 面____，与 V 面____，与 W 面____。

其投影特性是：________________。

直线与投影面平行

水平线与 H 面____，与 V 面____，与 W 面____。

正平线与 H 面____，与 V 面____，与 W 面____。

侧平线与 H 面____，与 V 面____，与 W 面____。

其投影特性是：________________。

一般位置直线

一般位置直线与 H 面____，与 V 面____，与 W 面____。

其投影特性是：________________。

2. 判断直线 AB 对投影面的相对位置。

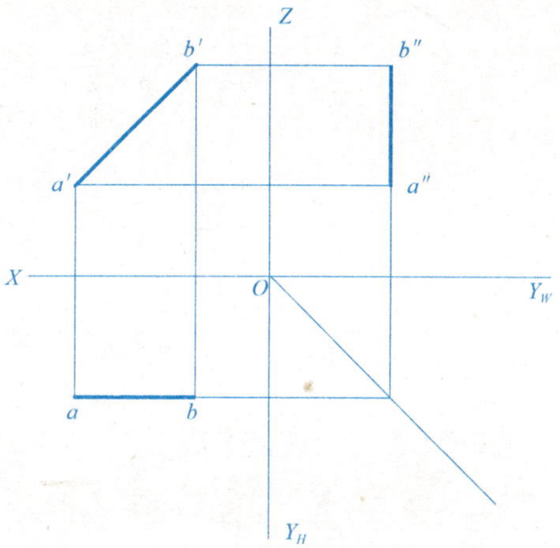

AB 与 V 面____，

AB 与 H 面____，

AB 与 W 面____，

AB 是____，

______是实长。

3. 判断直线 AB 对投影面的相对位置。

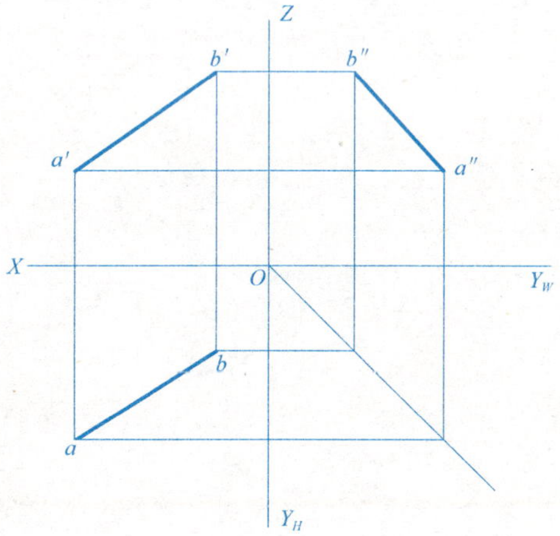

AB 与 V 面____，

AB 与 H 面____，

AB 与 W 面____，

AB 是____，

______是实长。

4. 判断直线 AB 对投影面的相对位置。

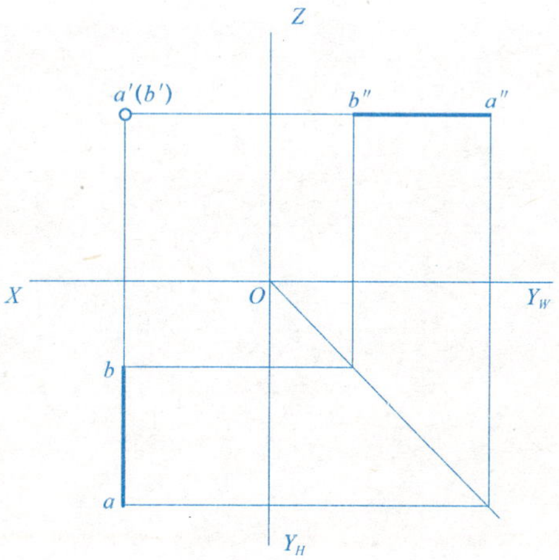

AB 与 V 面____，

AB 与 H 面____，

AB 与 W 面____，

AB 是____，

______是实长。

1. 已知直线的两面投影，求作第三面投影。

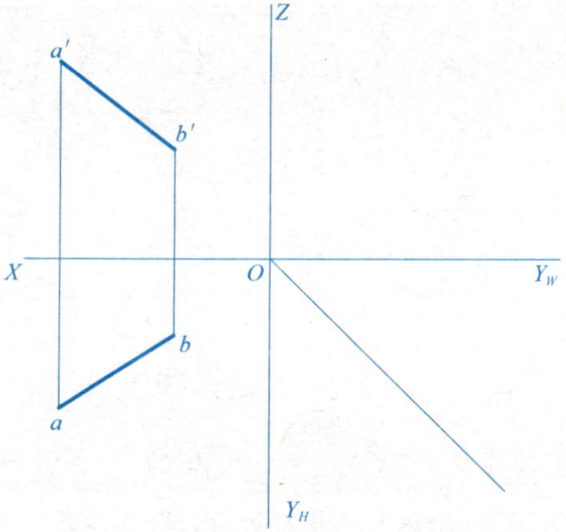

*2. 已知线段 AB 长 20 mm 和端点 A 的投影，按给定的条件作 AB 的三面投影。其中 AB 平行于 V 面且与 H 面夹角为 30° 。

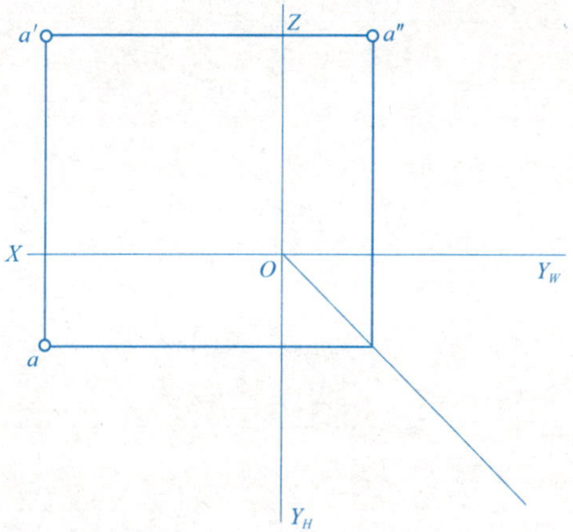

3. 判断点 K 是否在直线 AB 上。

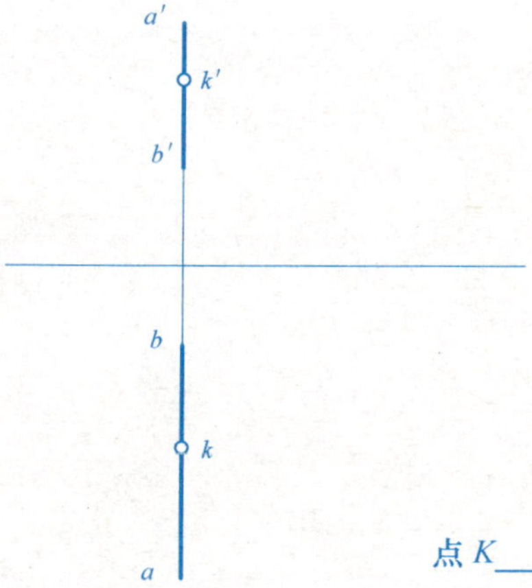

点 K ______ AB 上

4. 判断两直线的相对位置。

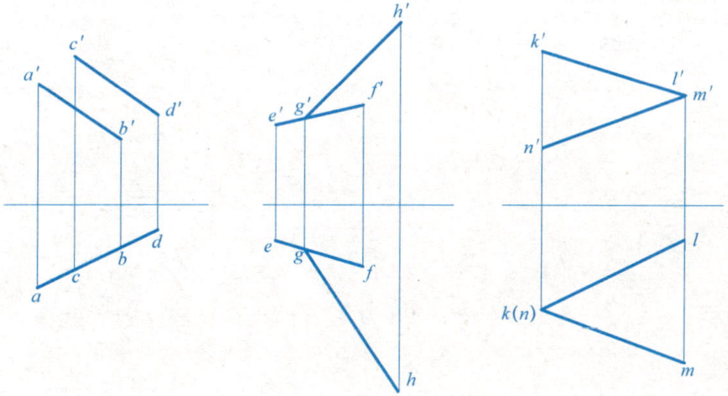

______ 直线　　______ 直线　　______ 直线

3 - 5	直线的投影(三)	班级		学号		姓名		审阅		日期		25

1. 根据平面的投影特性填空。

平面的投影特性：

当空间平面平行于投影面时，其投影__________，这种性质叫________。

当空间平面倾斜于投影面时，其投影__________，这种性质叫________。

当空间平面垂直于投影面时，其投影__________，这种性质叫________。

2. 已知三角形 *ABC* 的三个顶点为 *A*（12,5,2）、*B*（5,12,20）、*C*（30,20,15），求作其三面投影。

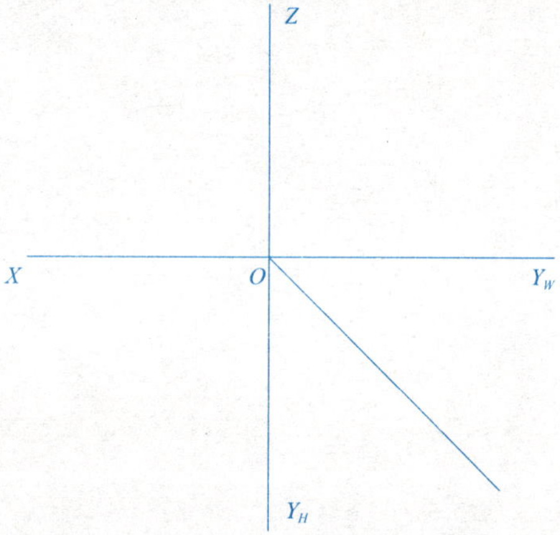

3. 根据平面的三面投影，判断其空间位置及有无实形。

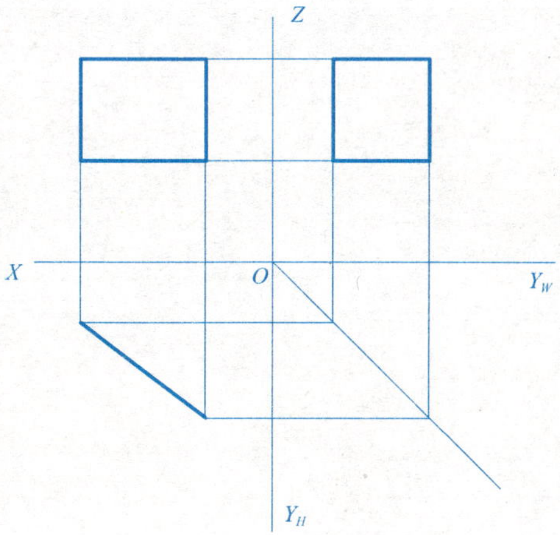

平面与 *V* 面________，
平面与 *H* 面________，
平面与 *W* 面________，
平面是__________面，
平面__________实形。

4. 根据平面的两面投影，求平面的第三面投影，并判断有无实形。

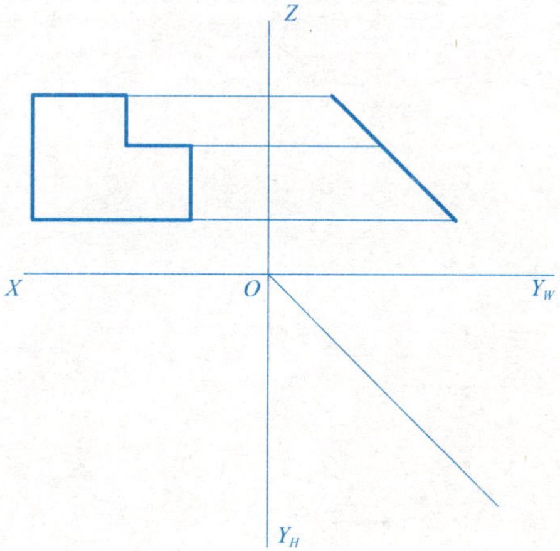

平面与 *V* 面________，
平面与 *H* 面________，
平面与 *W* 面________，
平面是__________面，
平面__________实形。

1. 作出平面的第三面投影，并作出平面上点 K 的另两面投影。

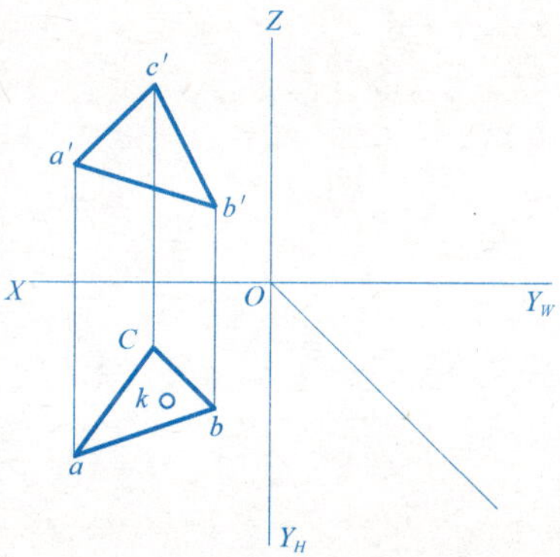

(1)

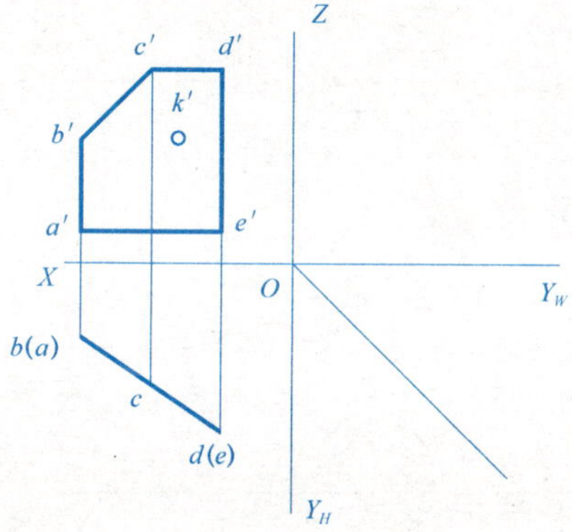

(2)

2. 已知正垂面 P 与 H 面成 30° 角，作出 V、W 面的投影。

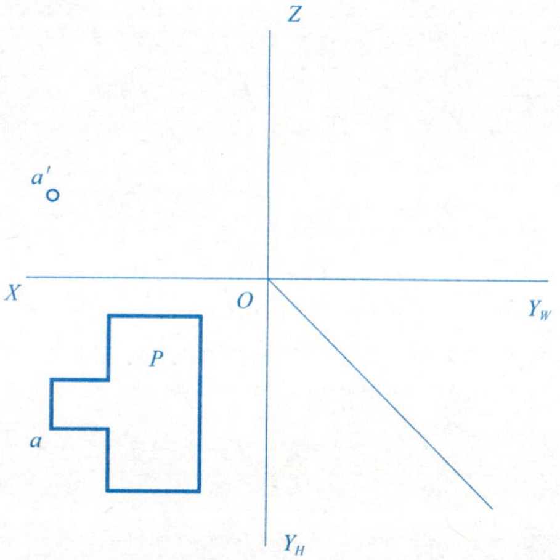

3. 通过作图说明直线 BD、点 K 是否在平面 ABC 上。

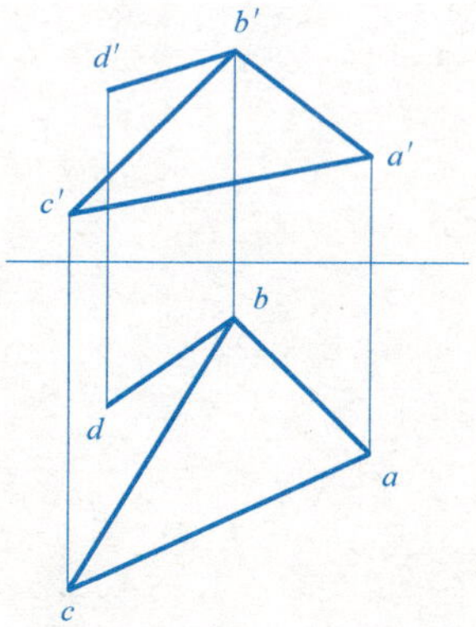

直线 BD______平面上

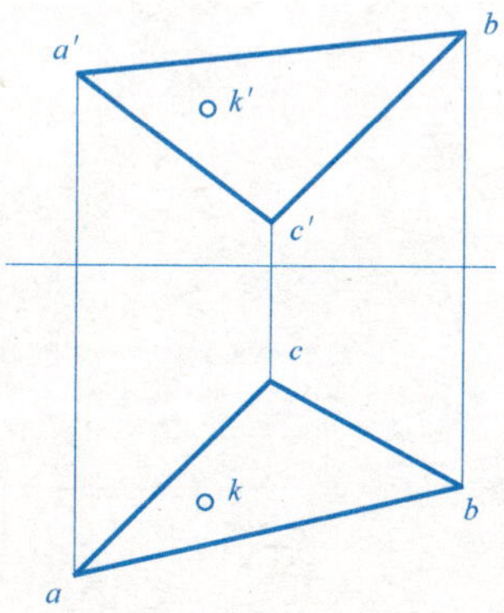

点 K______平面上

4. 在四边形 $ABCD$ 上过 M 点作水平线 MN，完成其两面投影。

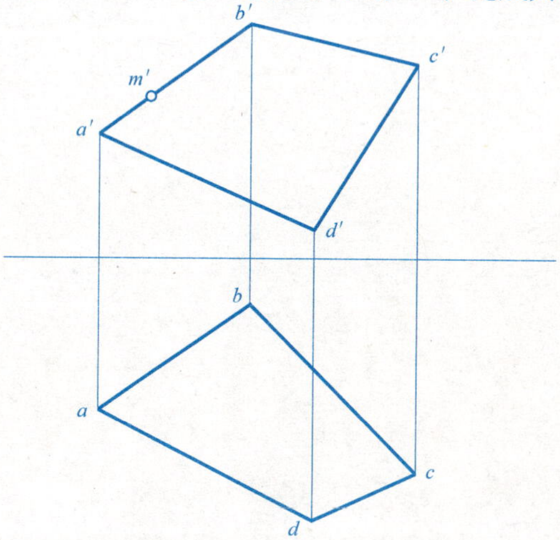

*1. 完成五边形 *ABCDE* 的两面投影。

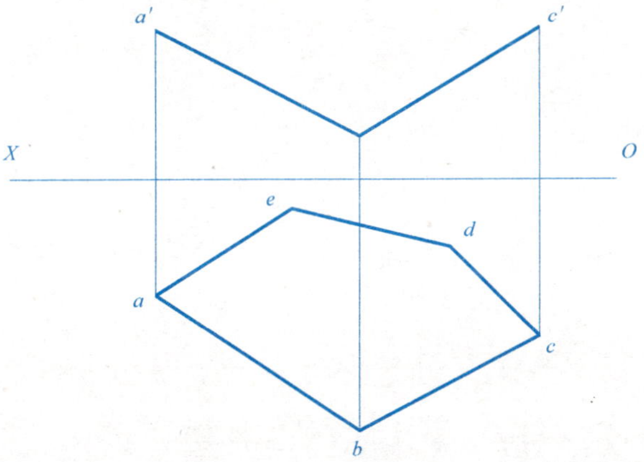

2. 在平面 *ABC* 上作正平线 *EF*,*EF* 离 *V* 面 18 mm。

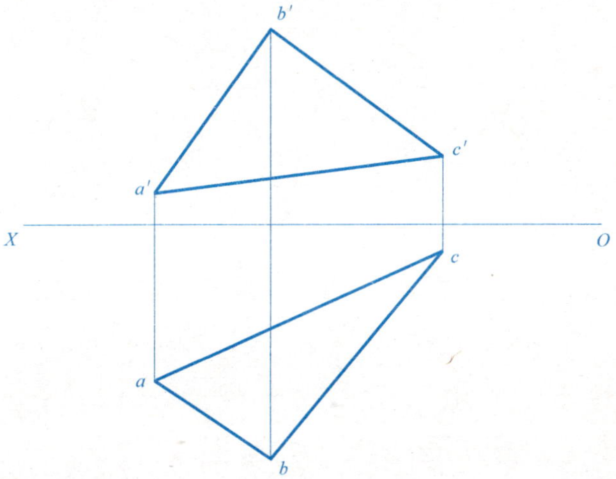

3. 在三角形 *ABC* 上作一点 *K*, 点 *K* 到 *V*、*H* 面的距离均为 20 mm。

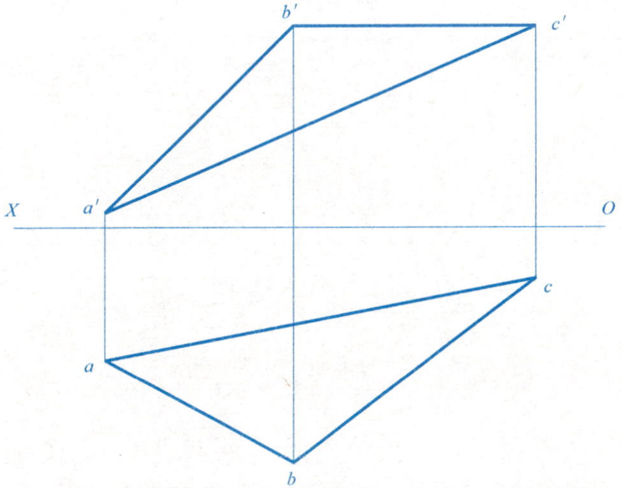

*4. 在平行四边形上有一直径为 20 mm 的圆，已知圆心为 *O*，作出该圆的两面投影。

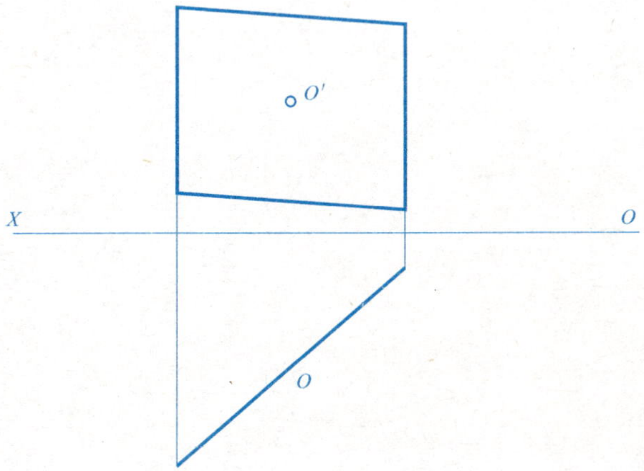

根据基本体的两面投影，补画第三视图。

1. 正六棱柱

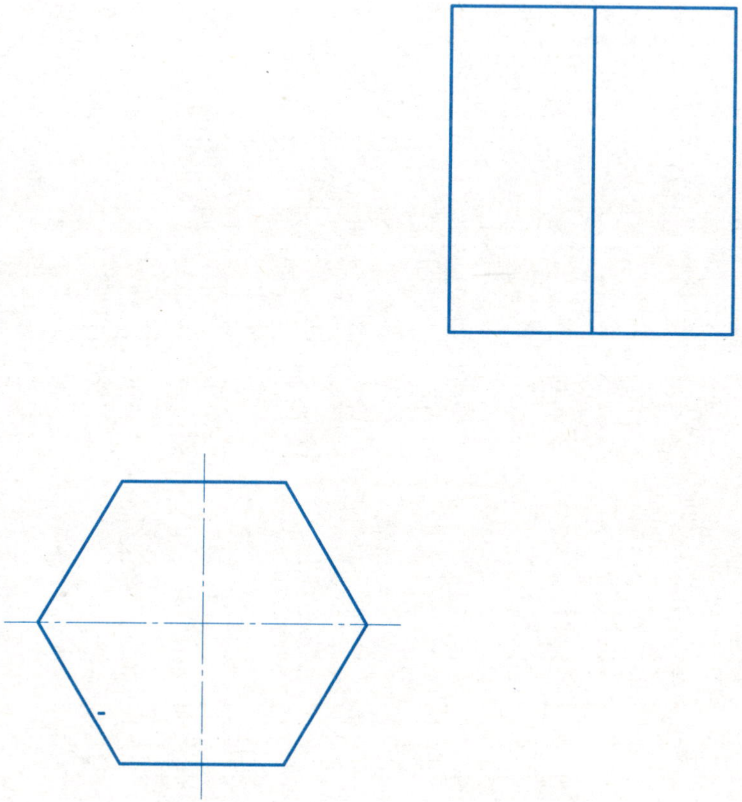

2. 正三棱锥

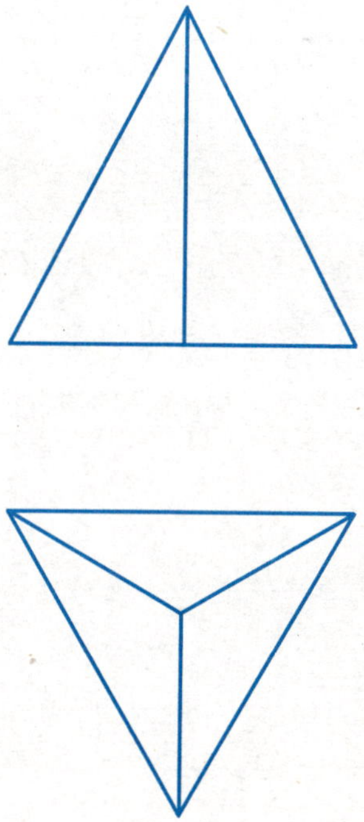

根据基本体的两面投影，补画第三视图。

1. 正三棱台

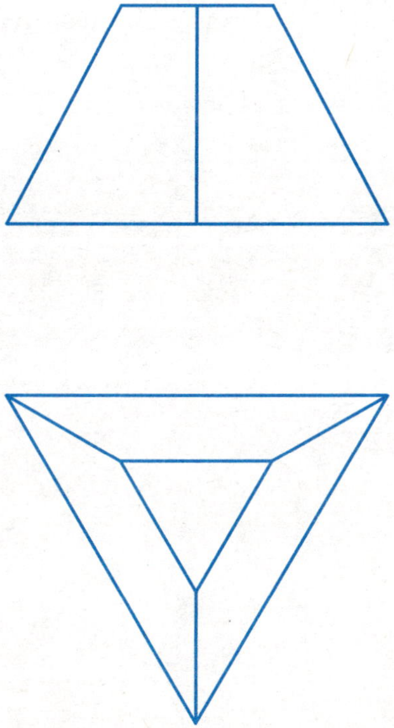

2. 正四棱台

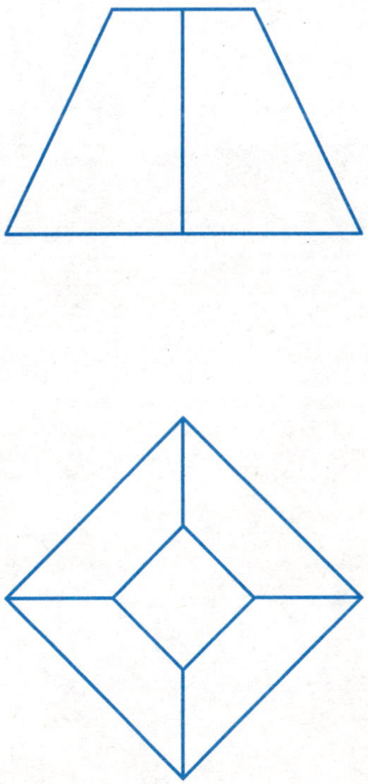

根据基本体的两面投影，补画第三视图。

1. 圆锥

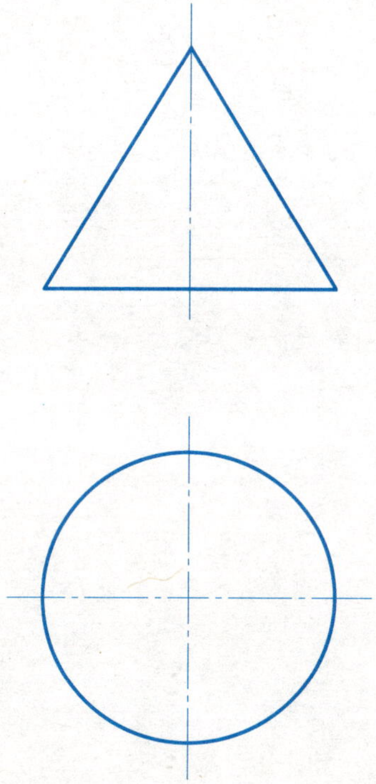

2. 圆柱

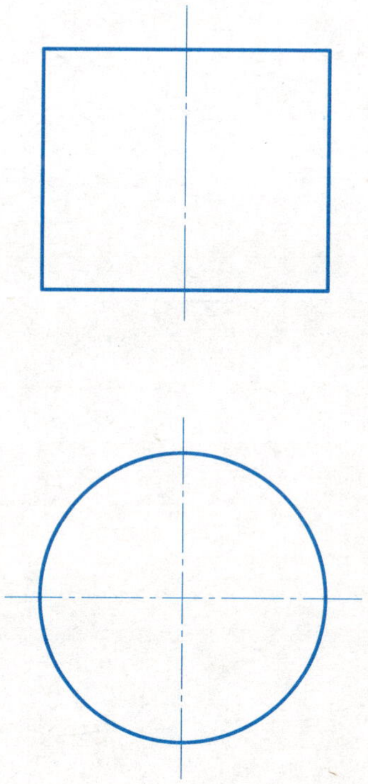

根据基本体的两面投影，补画第三视图。

1. 球

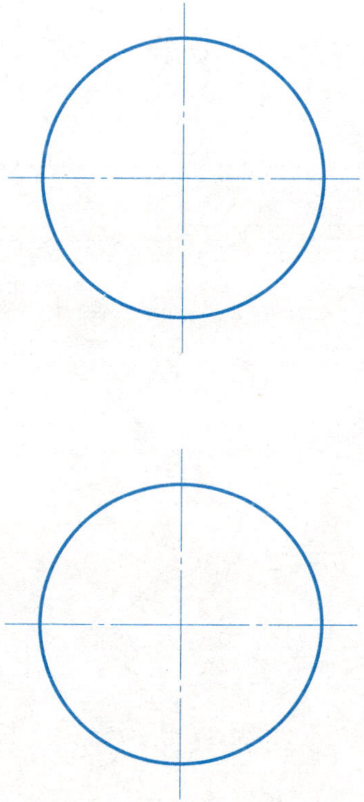

2. 圆台

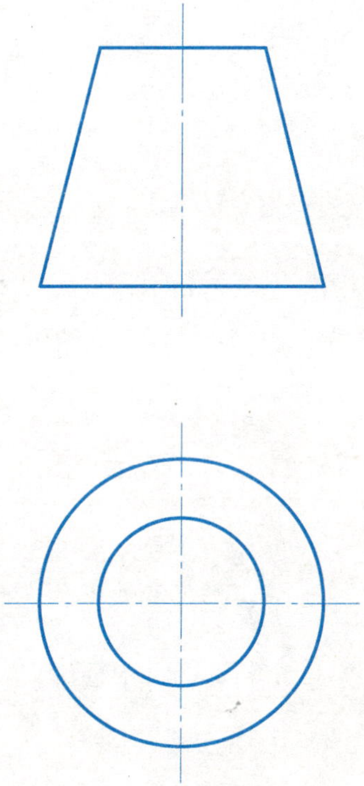

根据基本体的两面投影，补画第三视图。

1. 半圆锥

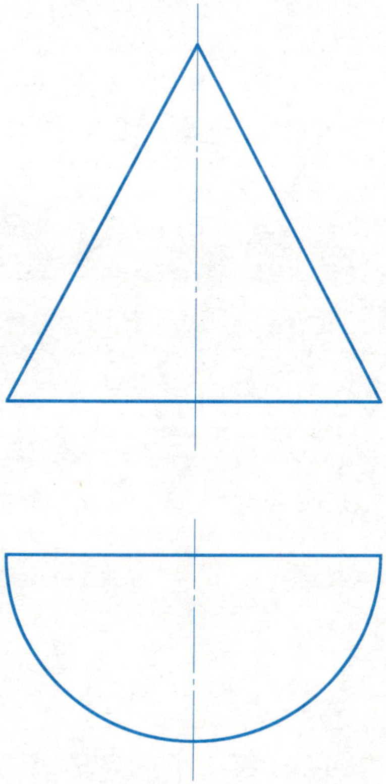

2. 棱台

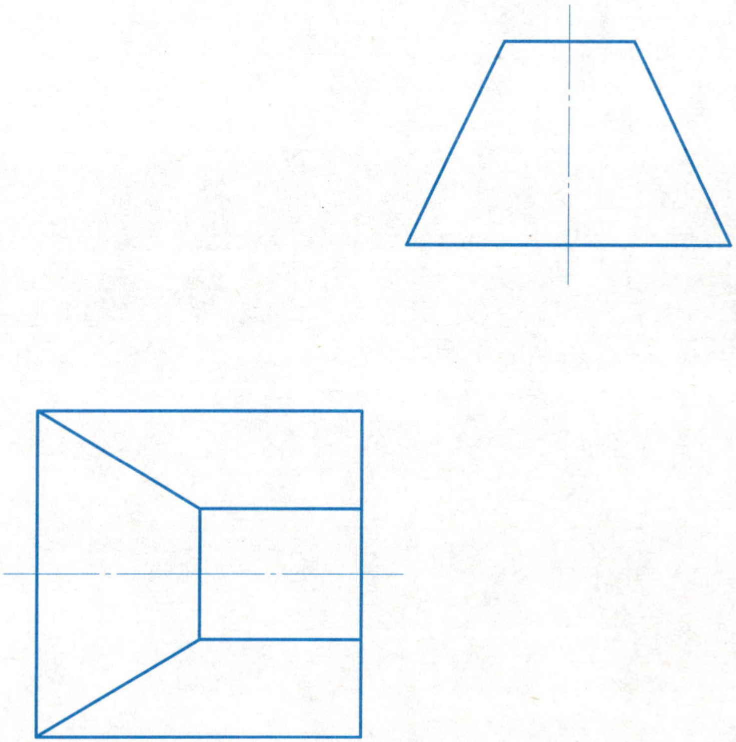

1. 根据物体的两面投影，补画第三视图，并画出正等轴测图。

(1)

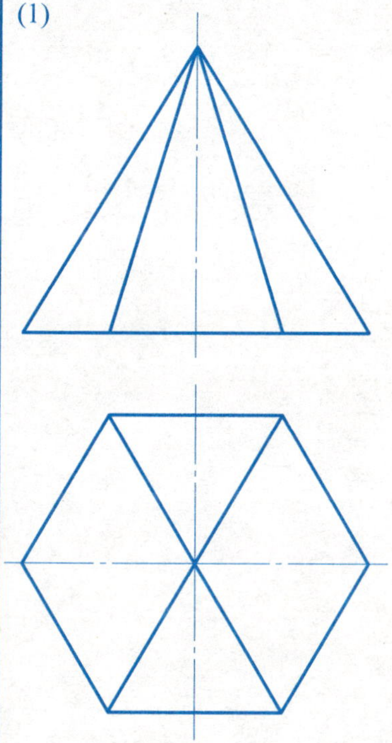

(2)

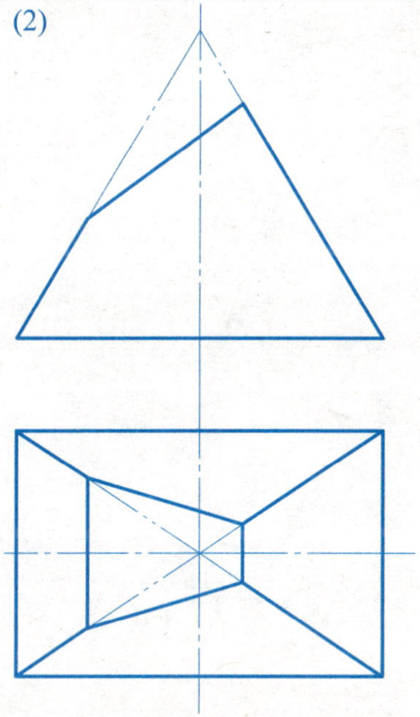

2. 根据物体的两面投影，补画第三视图，并画出正等轴测图。

(1)

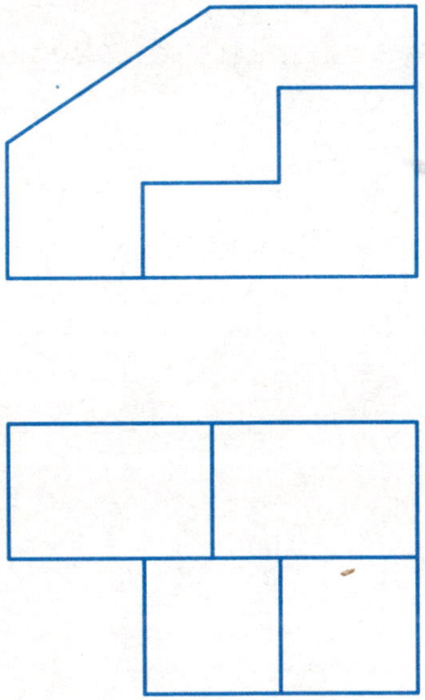

(2)

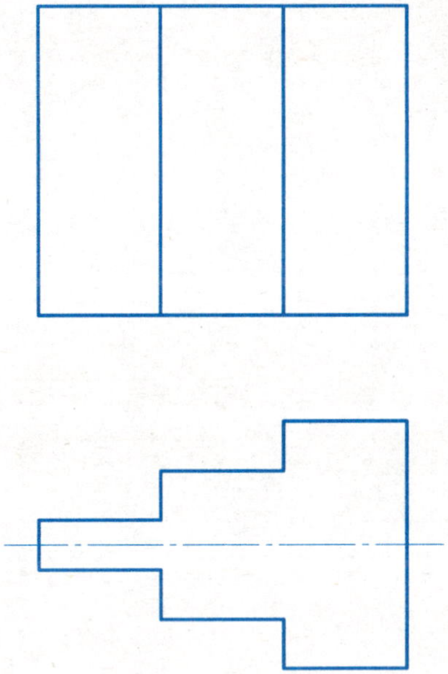

3. 根据物体的两面投影，补画第三视图，并画出正等轴测图。

(1)

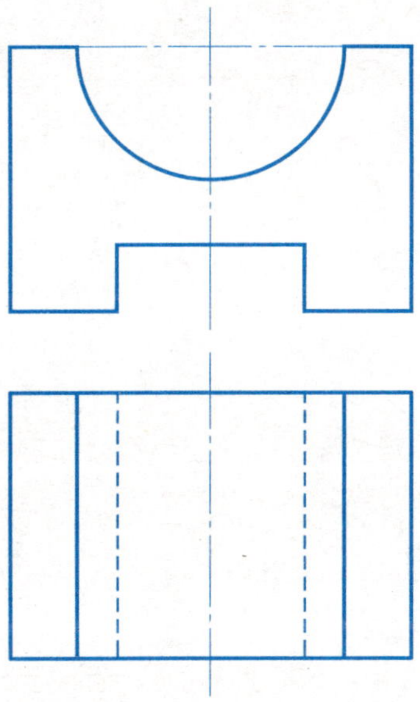

(2)

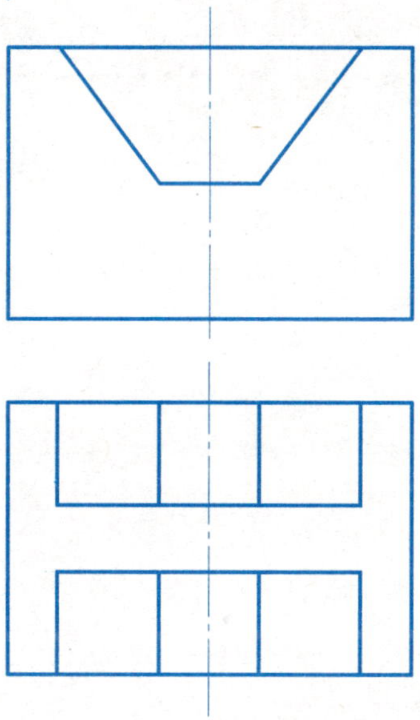

4. 根据物体的两面投影，补画第三视图，并画出正等轴测图。

(1)

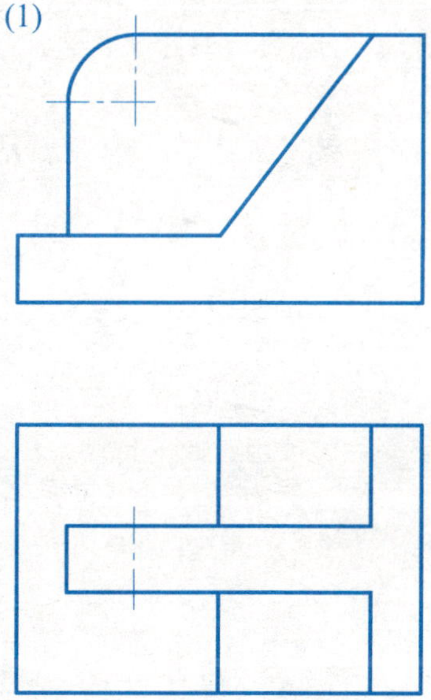

(2)

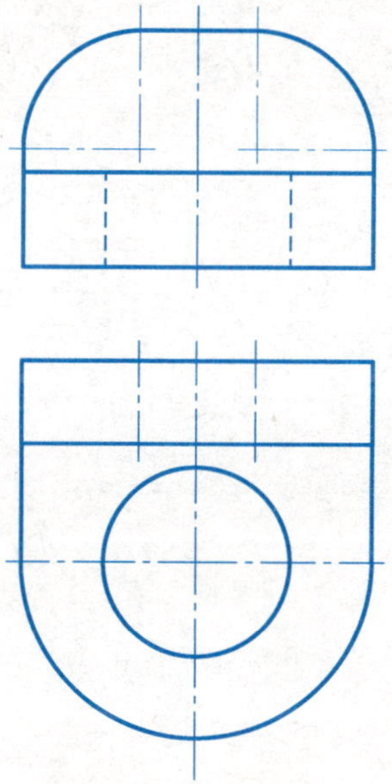

5. 根据物体的两面投影，补画第三视图，并画出斜二轴测图。

(1)

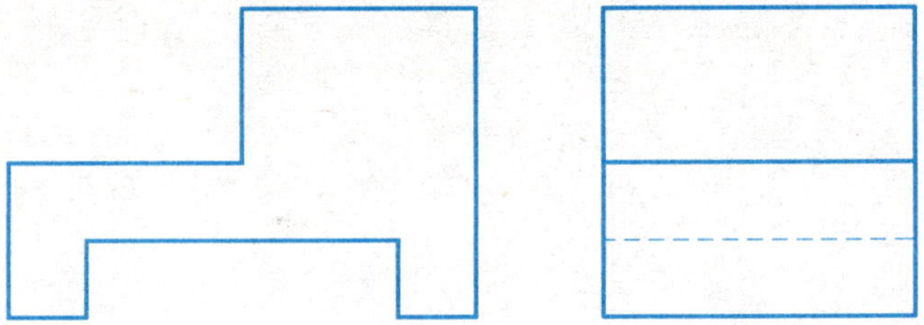

(2)

6. 根据物体的两面投影，补画第三视图，并画出斜二轴测图。

(1)

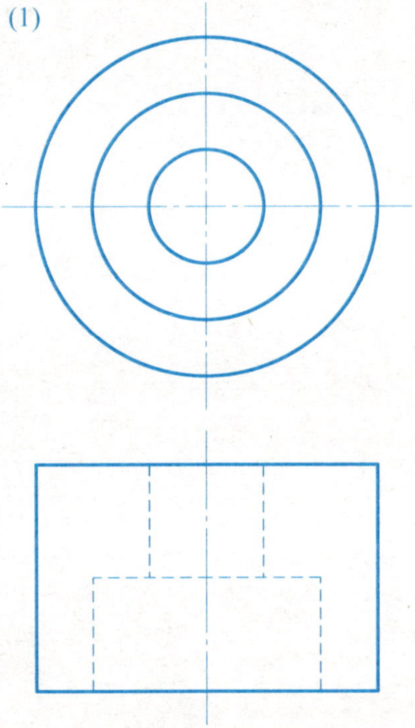

(2)

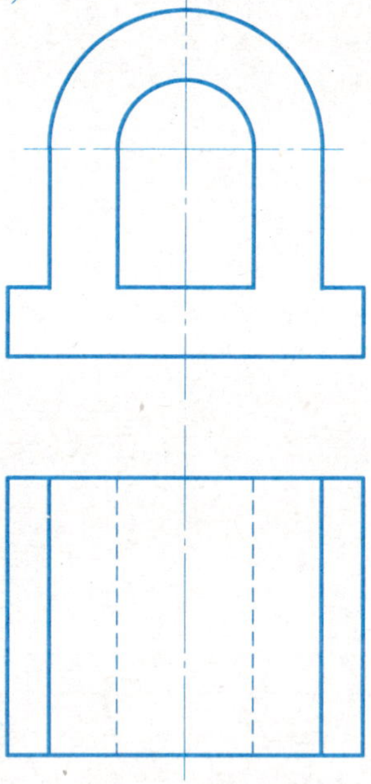

*7. 根据物体的两面投影，补画第三视图，并画出剖视的斜二轴测图。

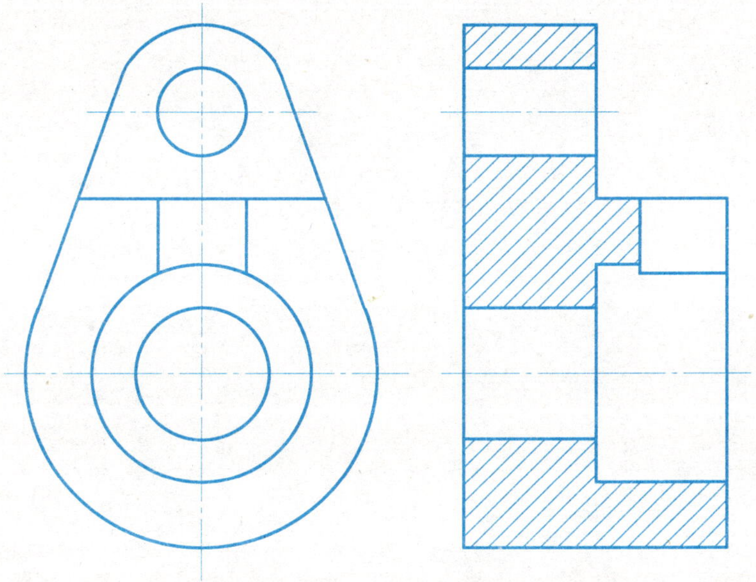

1. 根据物体的两面投影，补画第三视图；标出直线的三面投影，填写直线对投影面的相对位置。

(1)

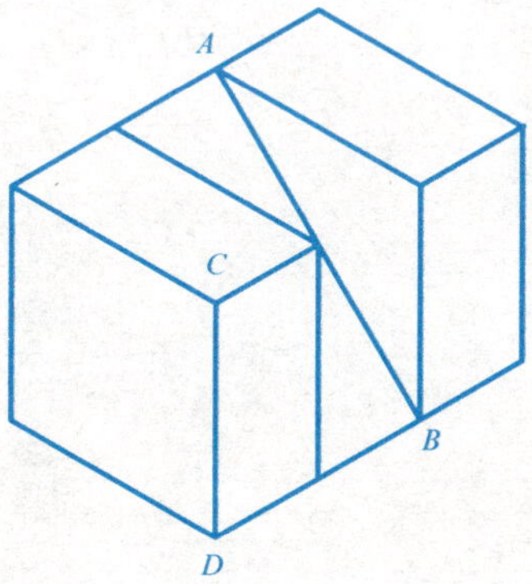

直线 *AB* 是 ____________

直线 *CD* 是 ____________

(2)

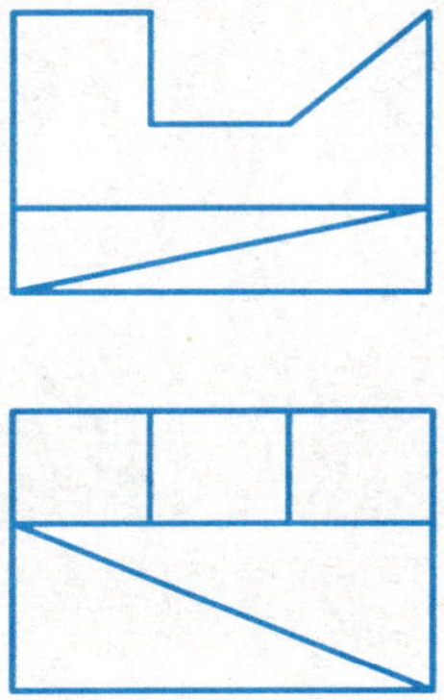

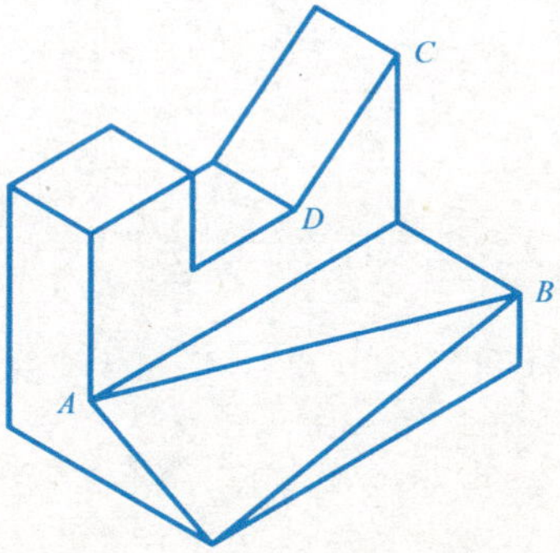

直线 *AB* 是 ____________

直线 *CD* 是 ____________

2. 根据物体的两面投影，补画第三视图；标出平面的三面投影，填写平面对投影的相对位置。

(1)

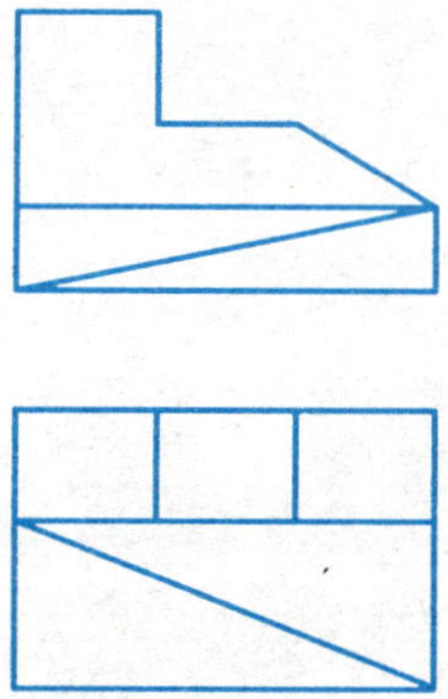

平面 Q 是 ________

平面 P 是 ________

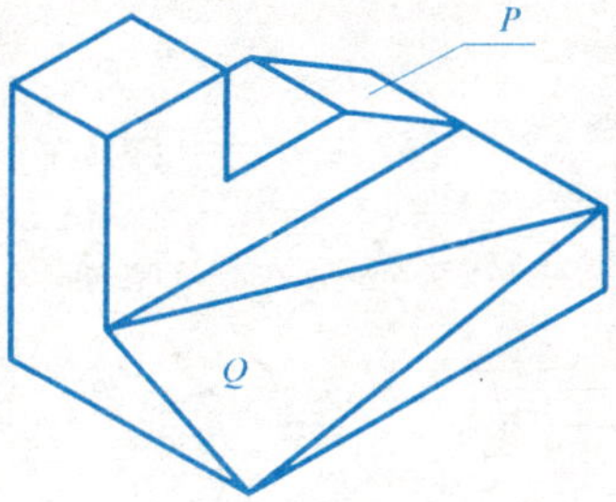

(2)

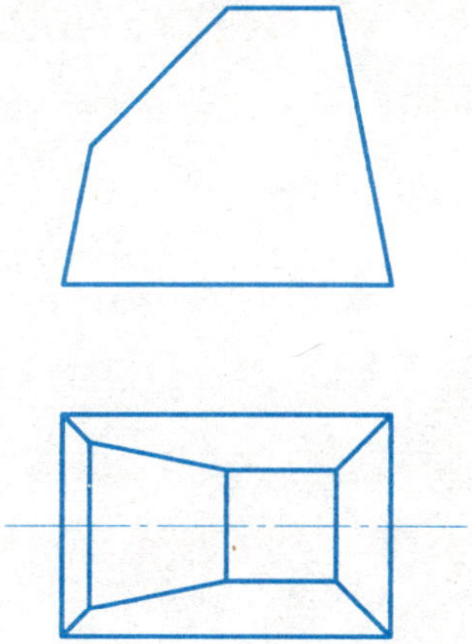

平面 Q 是 ________

平面 P 是 ________

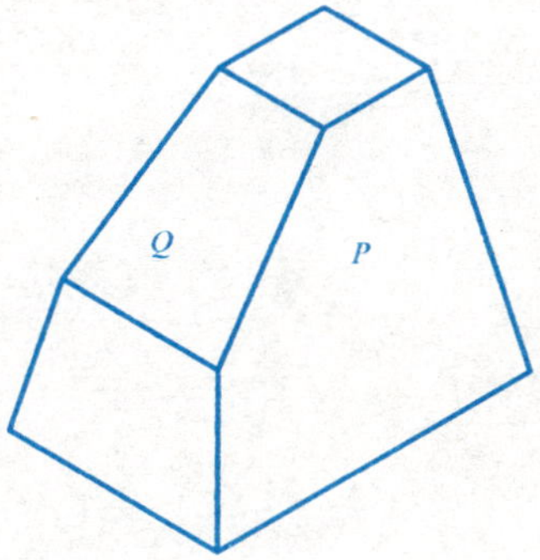

3. 根据物体的立体图，画三视图，比例 1:1。

(1)

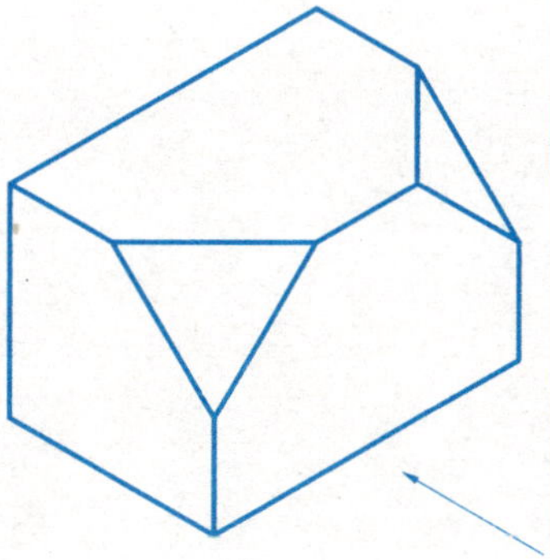

(2)

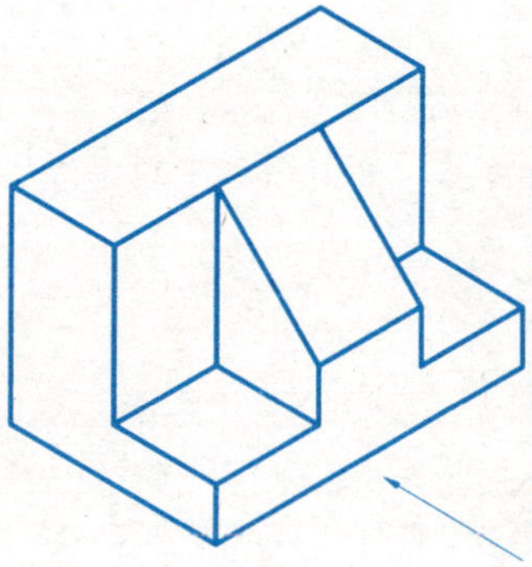

4. 根据物体的立体图，画三视图，比例 1:1。

(1)

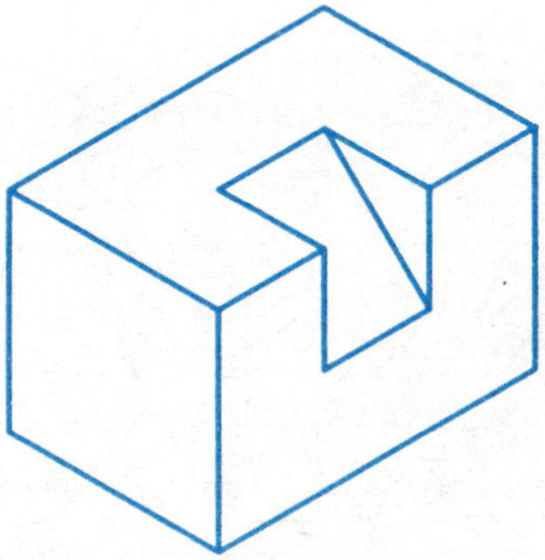

(2)

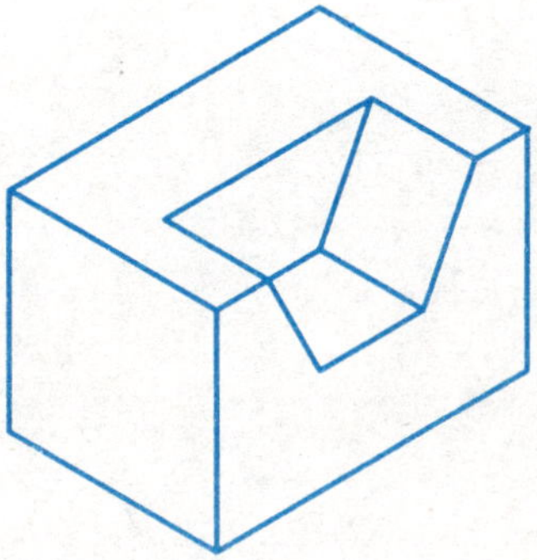

1. 求作俯视图，并标出平面 P 的其余两投影。

2. 求作主视图，并标出平面 P 的其余两投影。

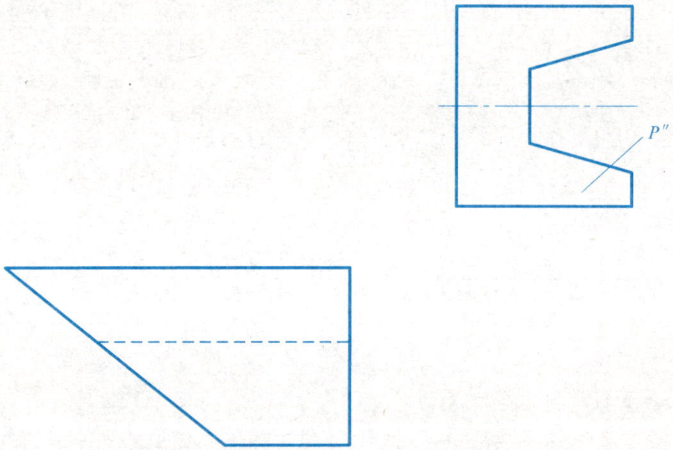

3. 求作俯视图，并标出平面 P 的其余两投影。

4. 求作左视图，并标出平面 P 的其余两投影。

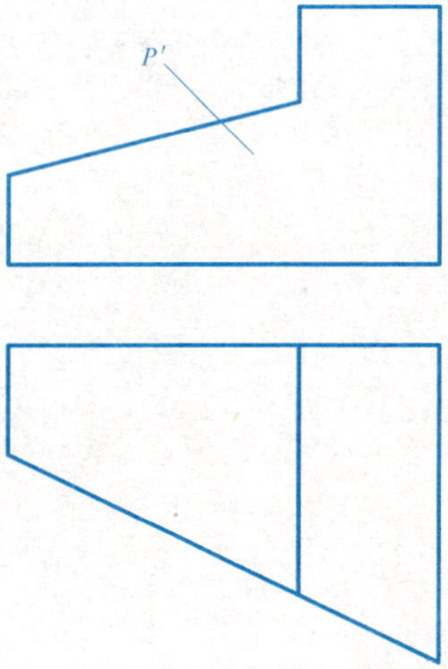

5. 补全俯视图和左视图上所缺的线。

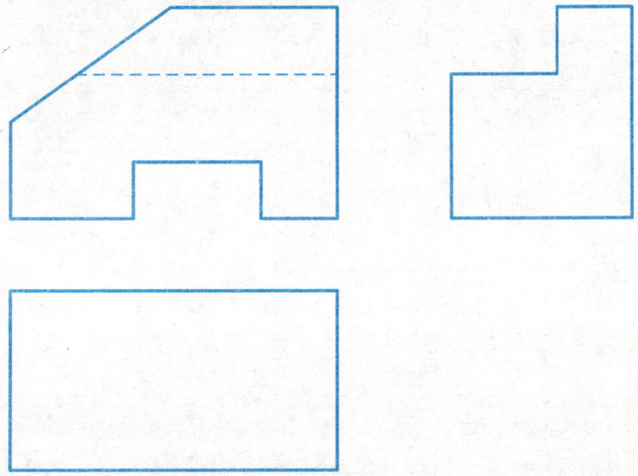

6. 补全主视图和俯视图上所缺的线。

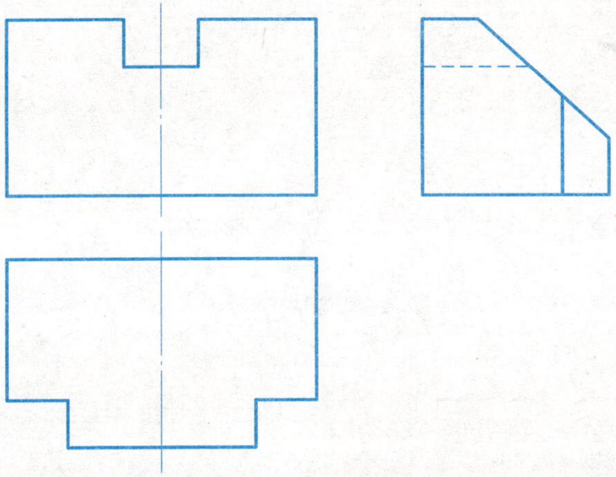

7. 补全主视图和俯视图上所缺的线。

8. 补全主视图和左视图上所缺的线，并标出 *P*、*Q* 面的其余两投影。

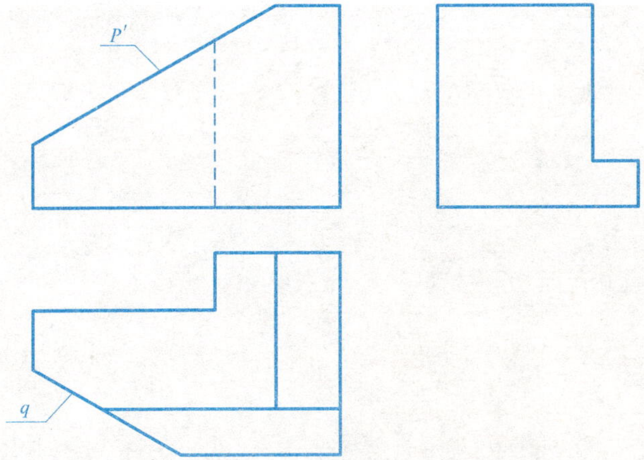

*9. 求作左视图。

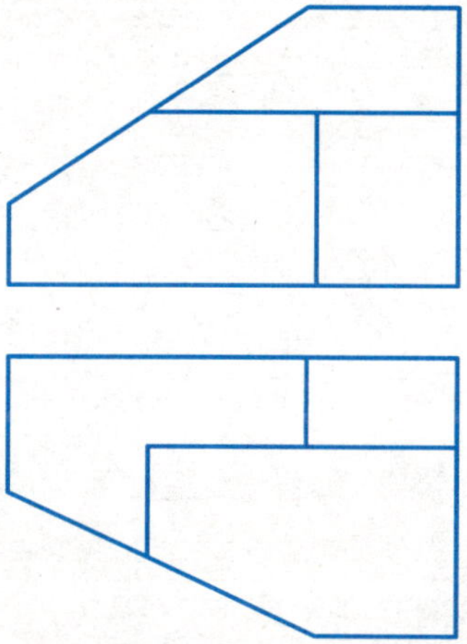

*10. 求作俯视图。

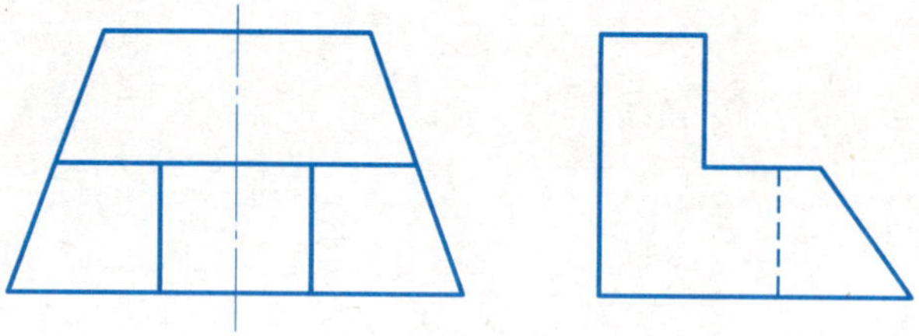

*11. 求作俯视图。

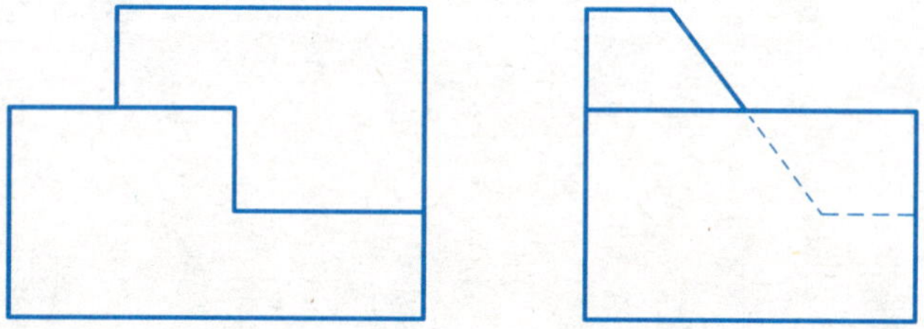

*12. 求作俯视图。

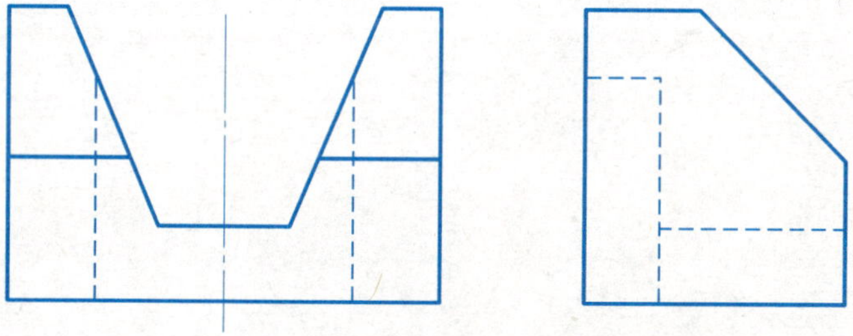

* 根据物体的已知投影，补画第三视图及视图中的缺线。

(1)

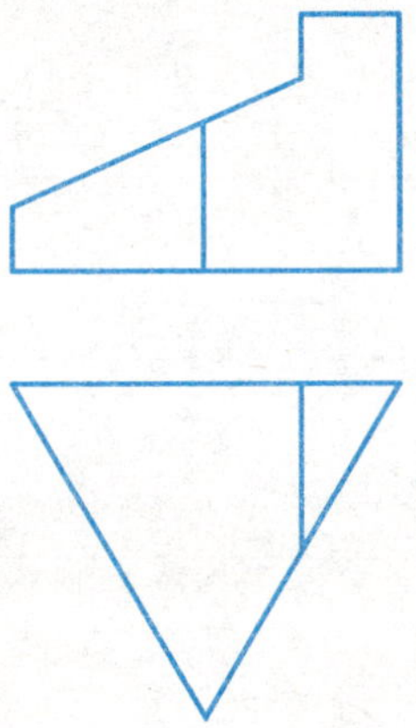

(2)

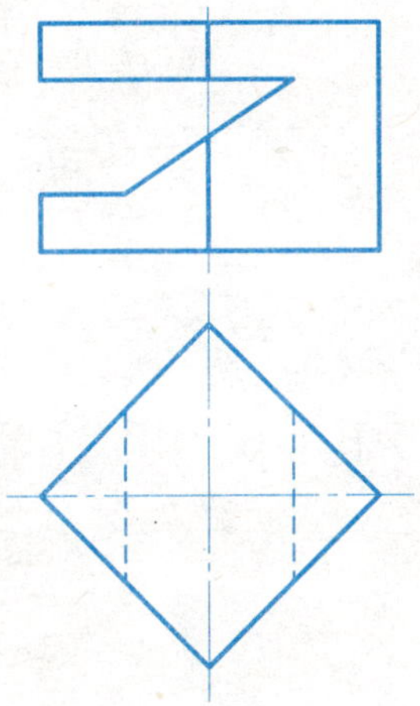

(3)

(4)

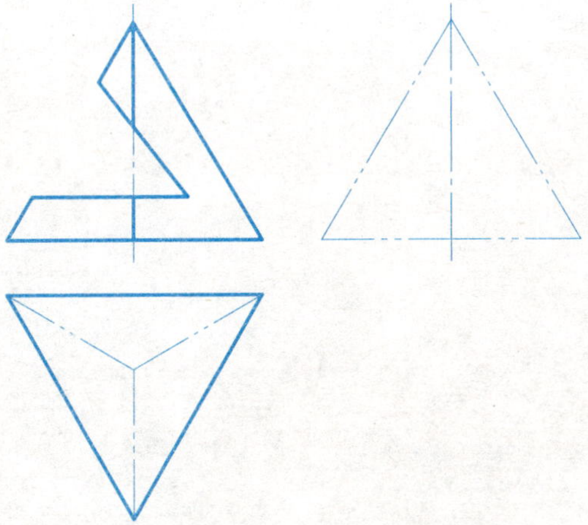

1. 根据物体的已知投影，补画第三视图及视图中的缺线。

(1)

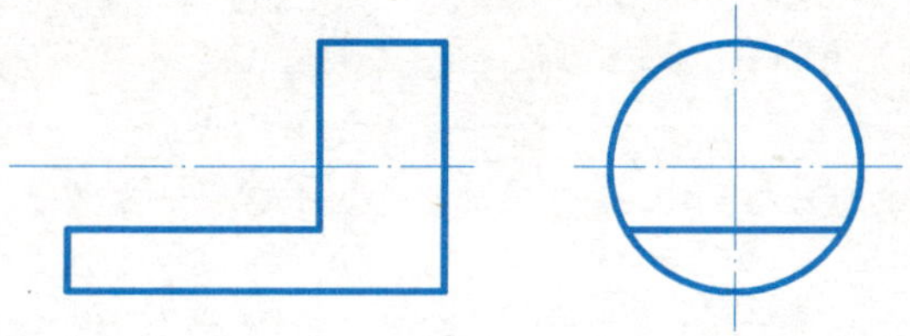

(2)

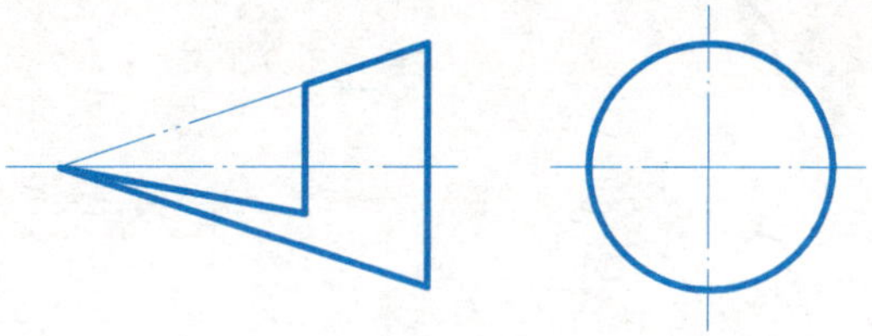

(3)

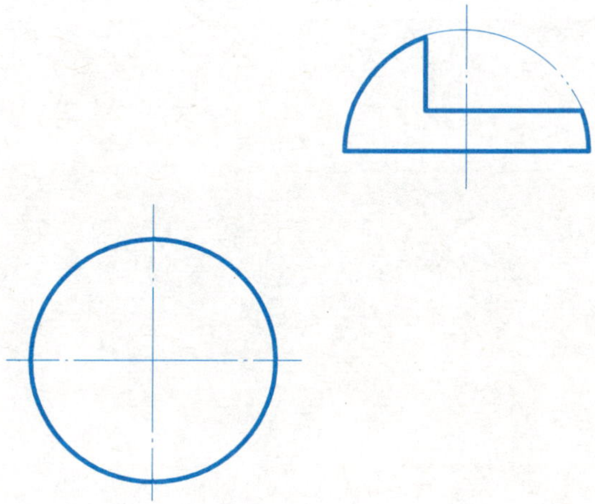

(4)

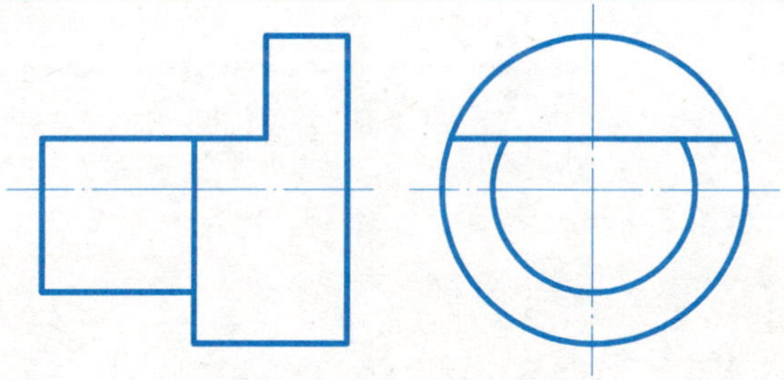

2. 根据已知条件，完成物体的三面投影图。

(1)

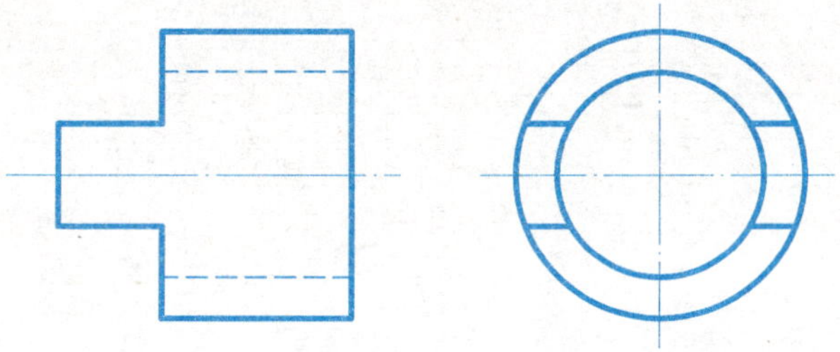

(2)

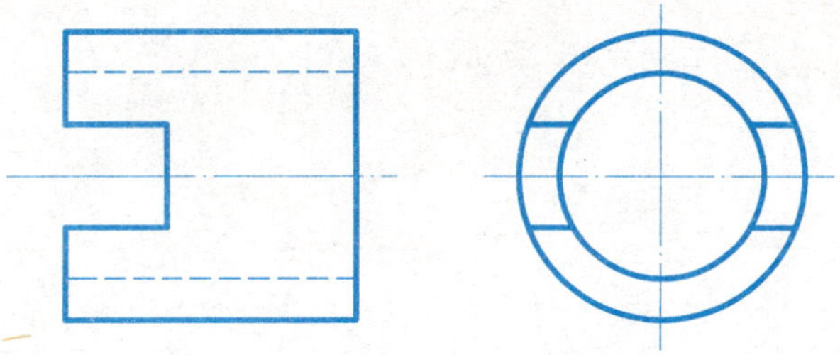

(3)

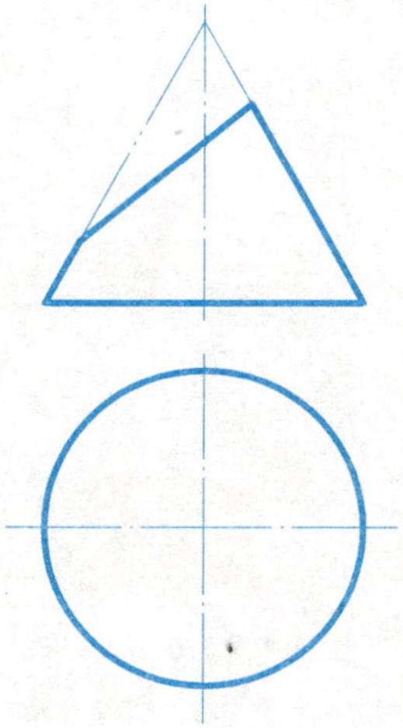

(4)

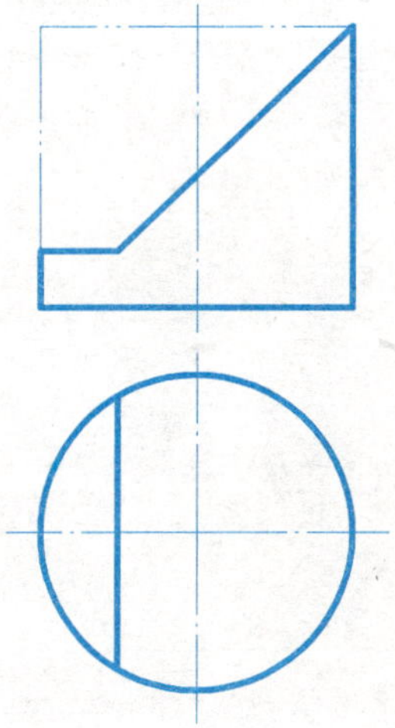

3. 根据已知视图补出第三视图。

(1)

(2)

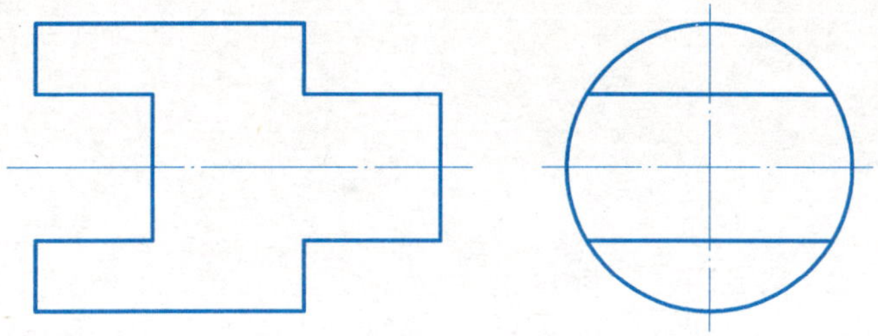

(3)

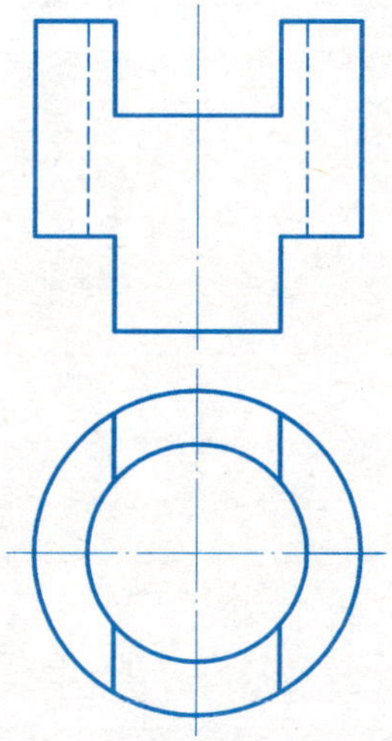

(4)

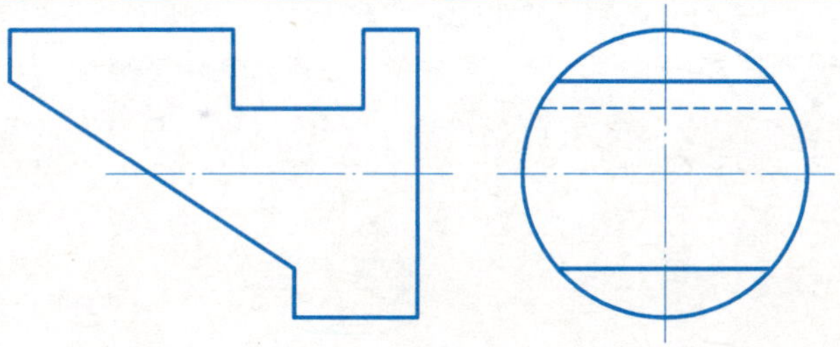

4. 根据已知视图补出第三视图。

(1)

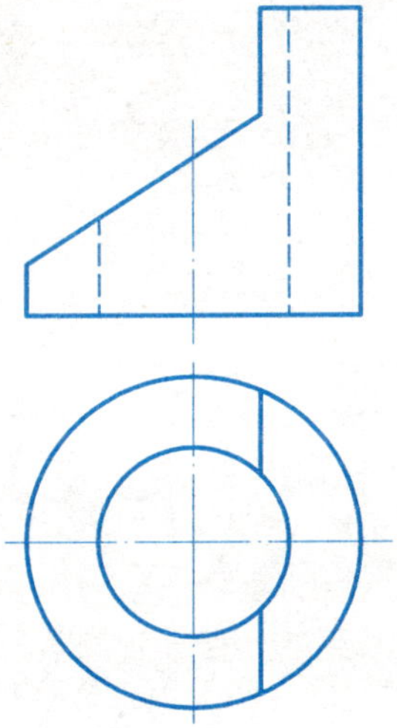

(2)

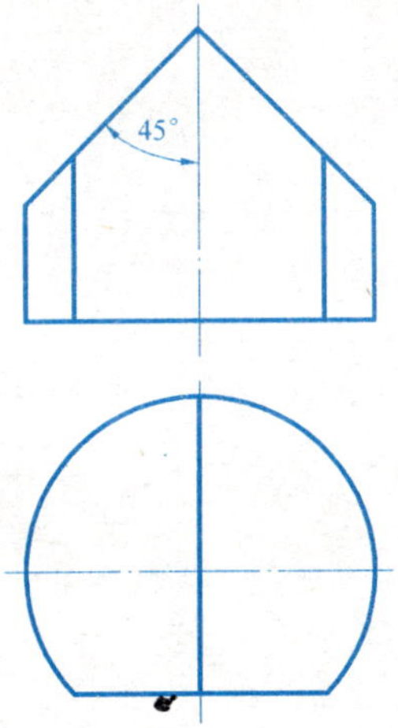

(3)

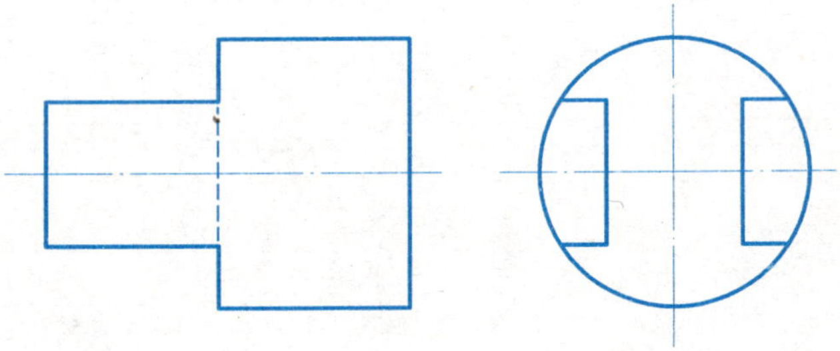

(4)

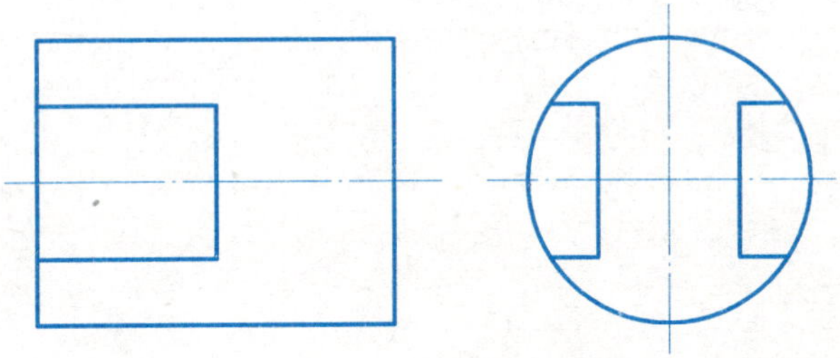

1. 补全俯视图并求左视图。

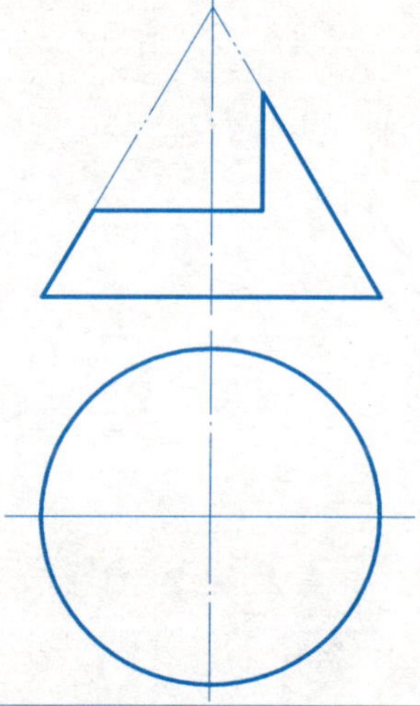

2. 补全左视图并求俯视图。

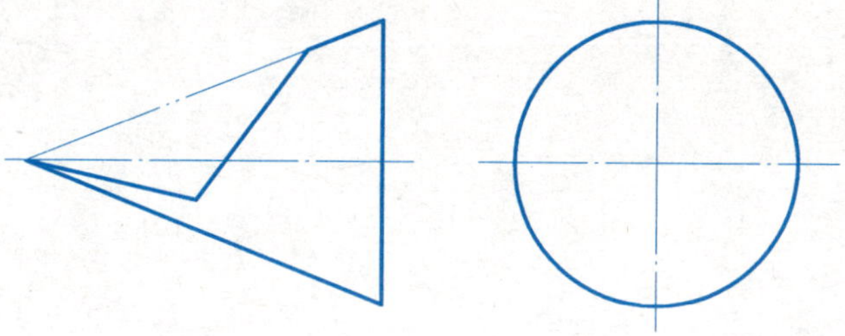

3. 补全圆球被截切后的俯视图并求左视图。

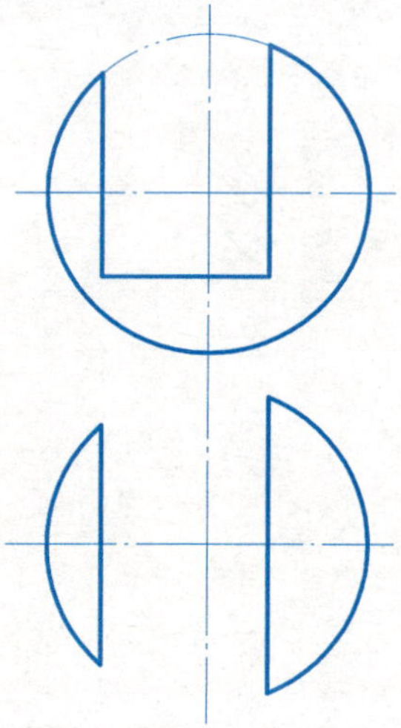

4. 求圆球被截切后的俯视图和左视图。

5. 已知主视图和俯视图，选择正确的左视图。

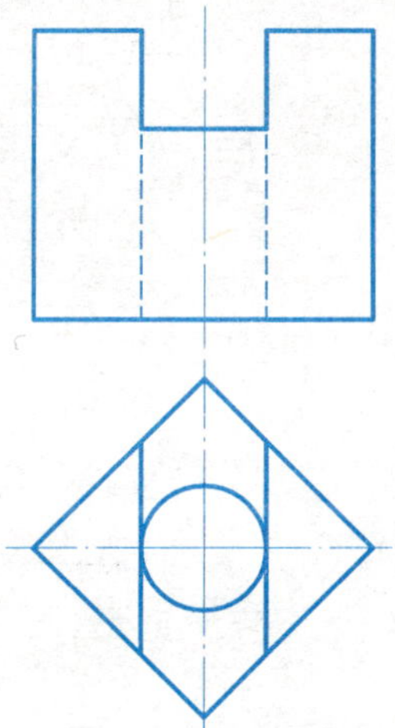

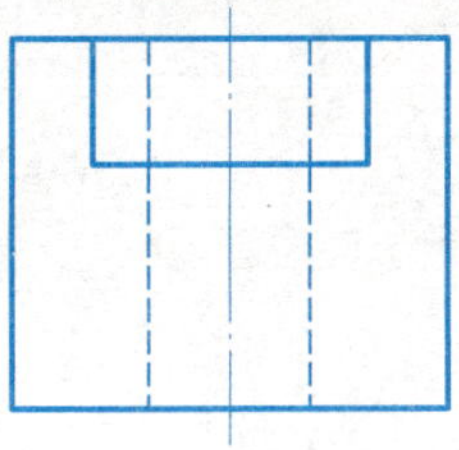

(1)

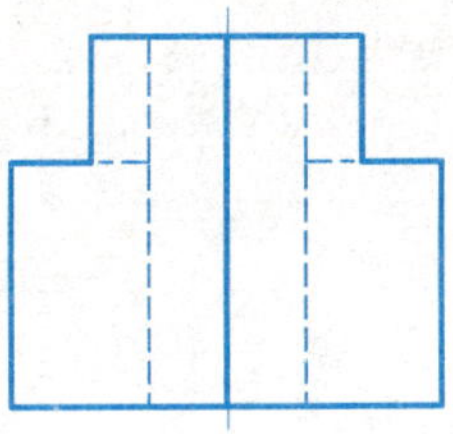

(2)

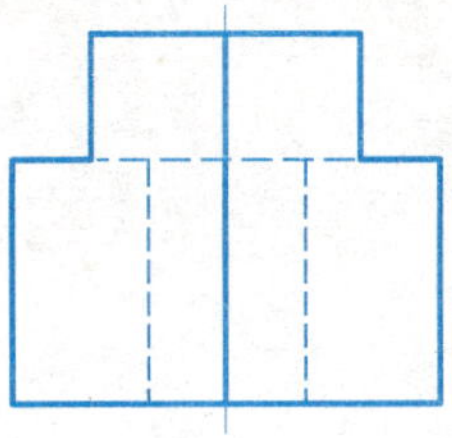

(3)

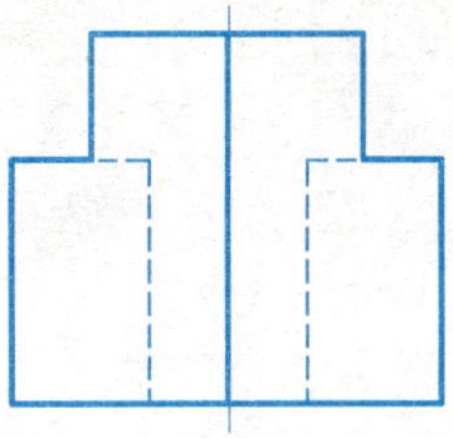

(4)

6. 已知主视图和俯视图，选择正确的左视图。

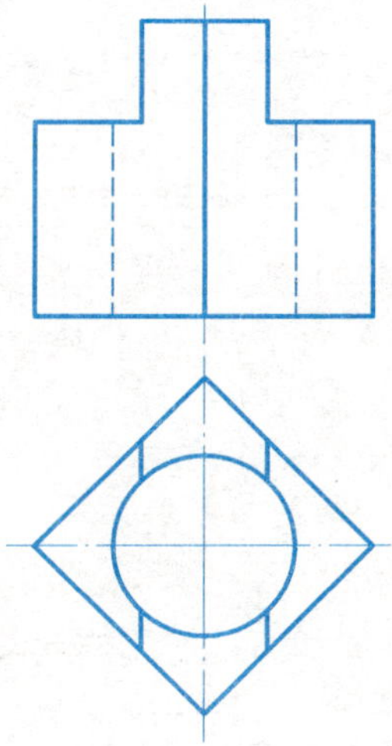

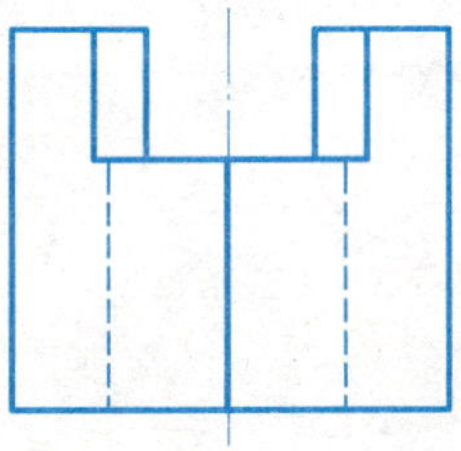

(1)

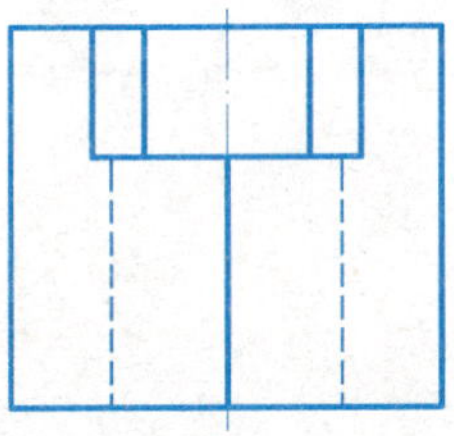

(2)

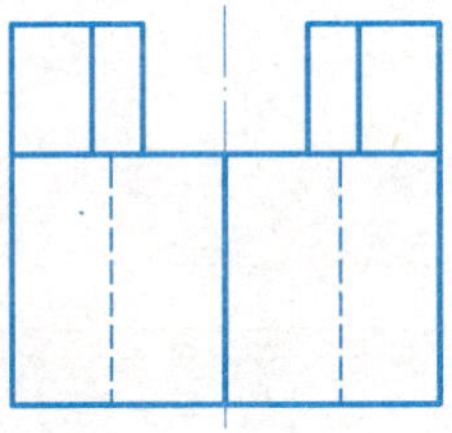

(3)

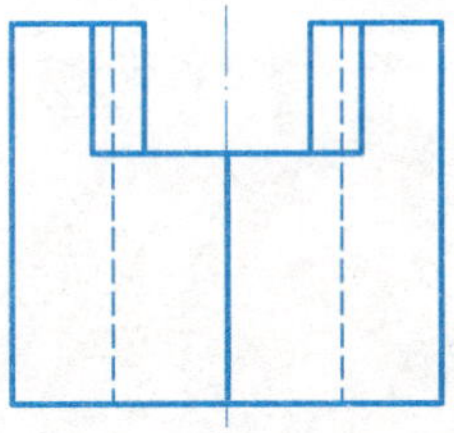

(4)

*1. 求作俯视图。

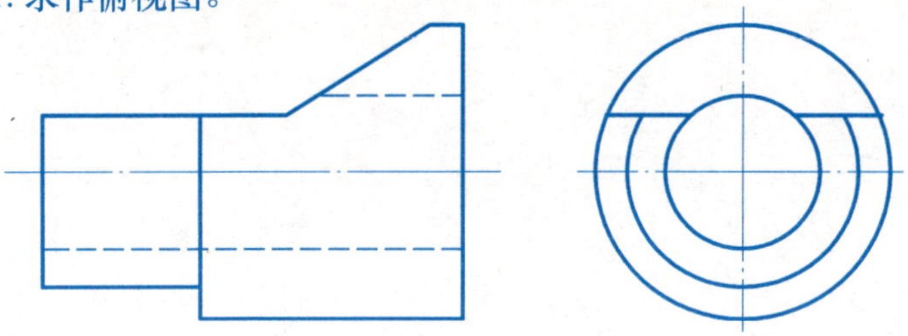

*2. 补全主视图和俯视图中所缺的线。

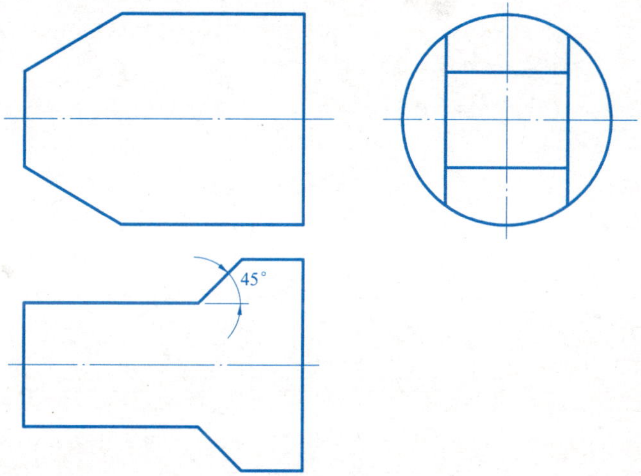

*3. 求作俯视图。

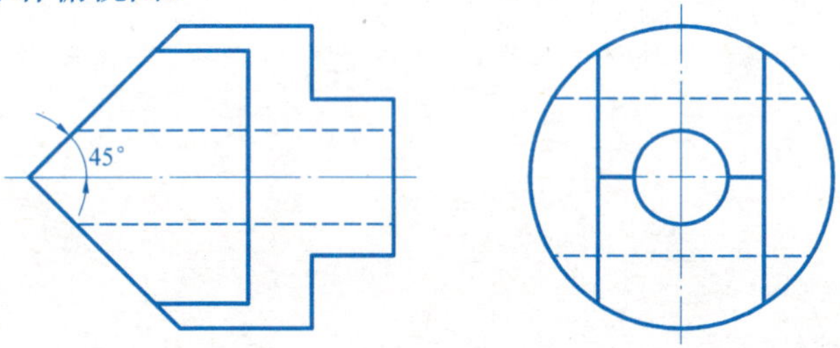

*4. 求作俯视图。

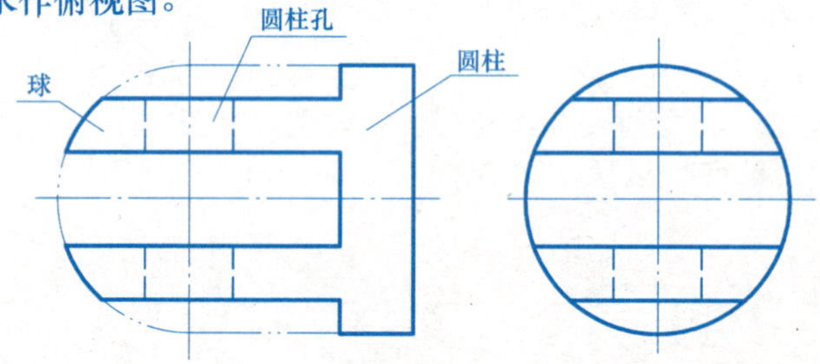

1. 求作主视图。

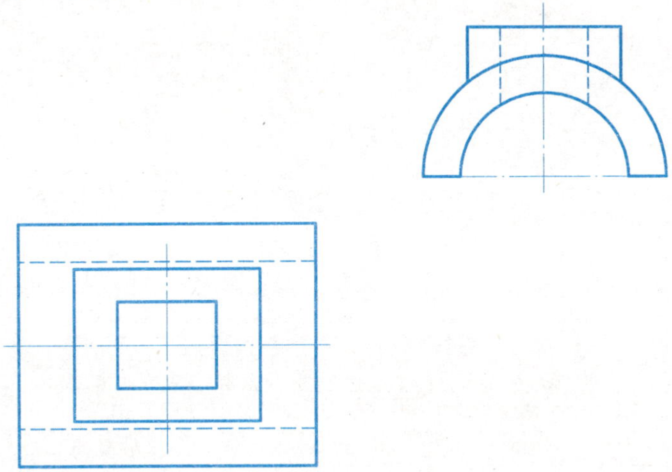

2. 求作俯视图。

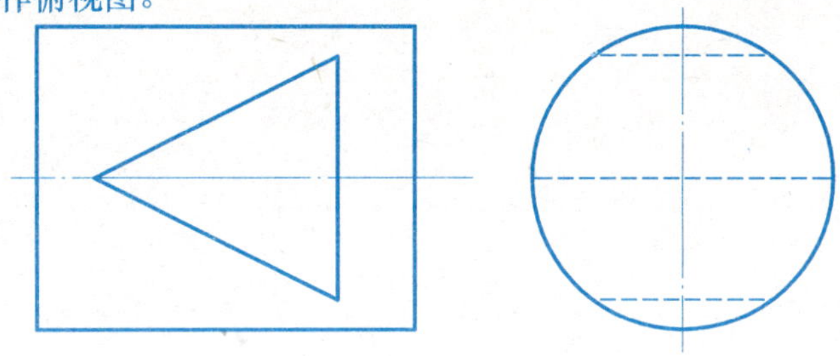

3. 求作主视图。

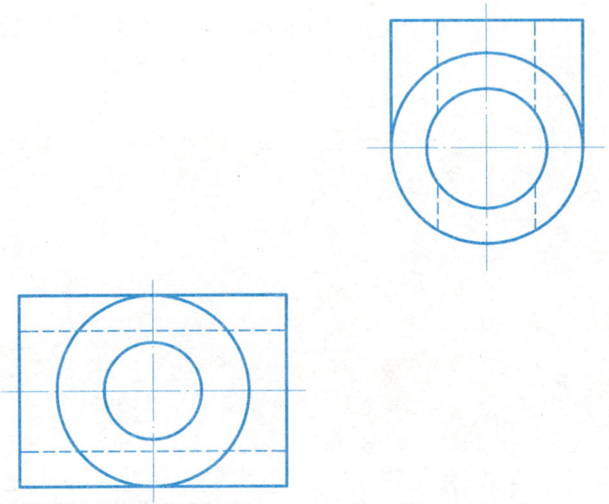

4. 求作俯视图。

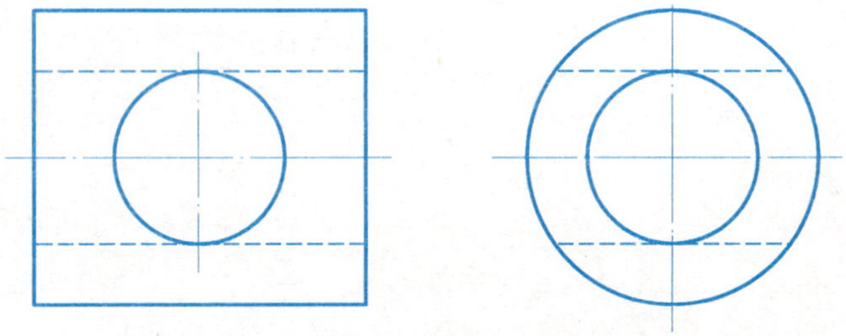

1. 根据已知条件，补缺线，完成物体的三视图。

(1)

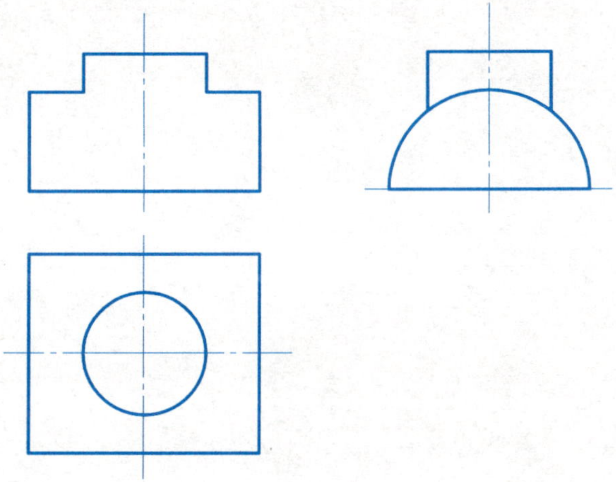

(2)

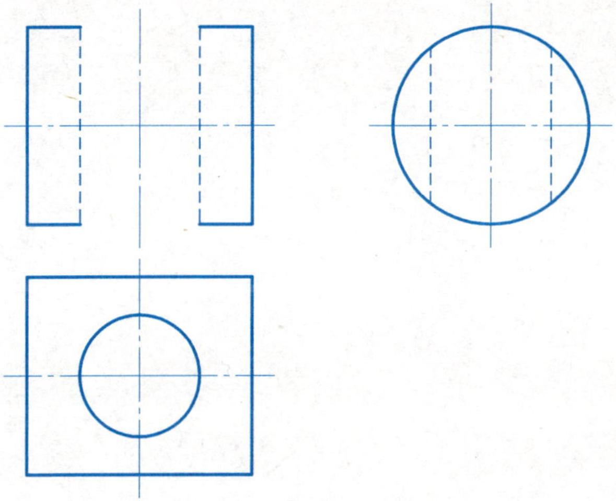

(3)

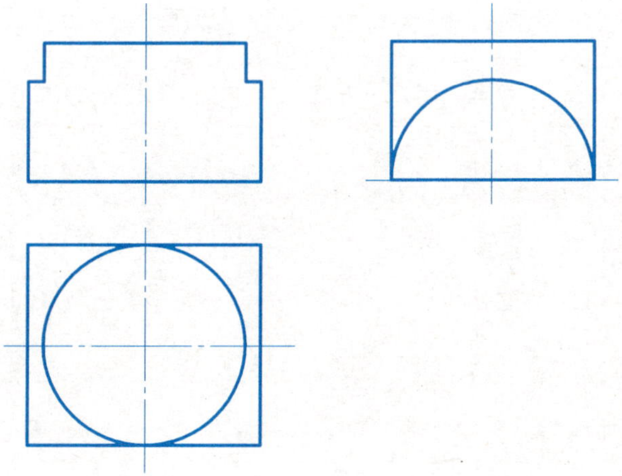

(4)

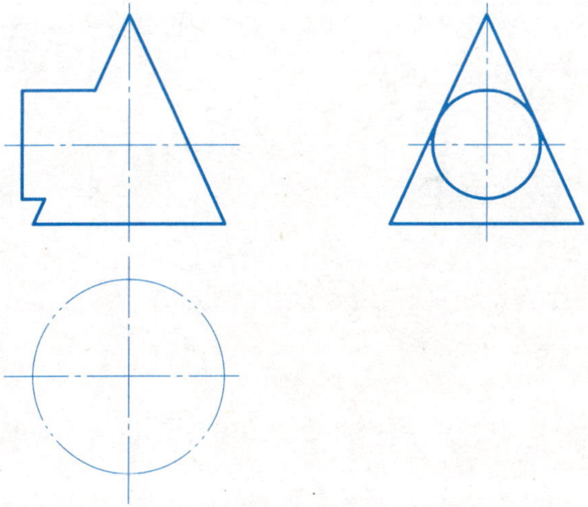

2. 根据已知条件，完成物体的三视图。

(1)

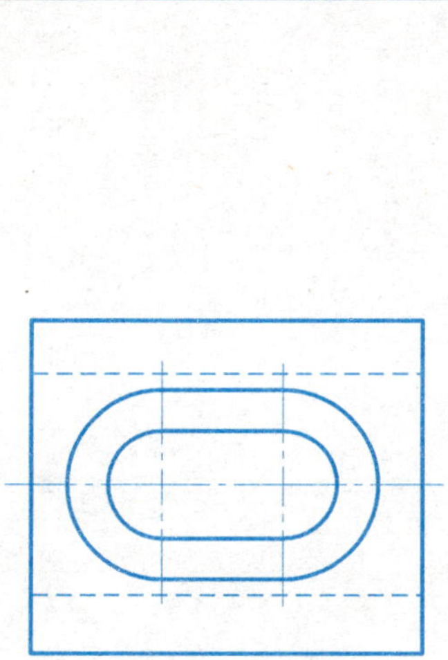

(2)

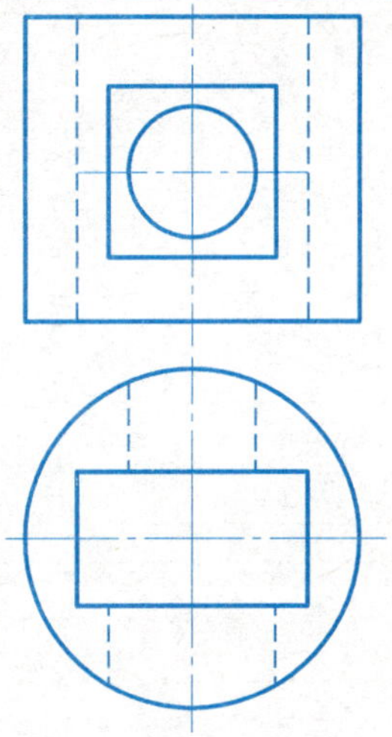

(3)

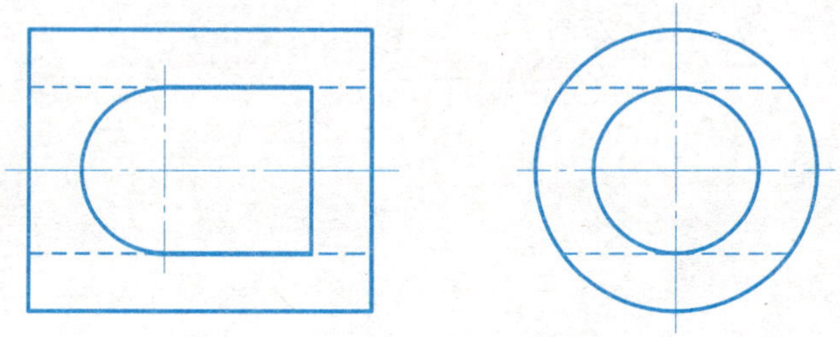

(4)

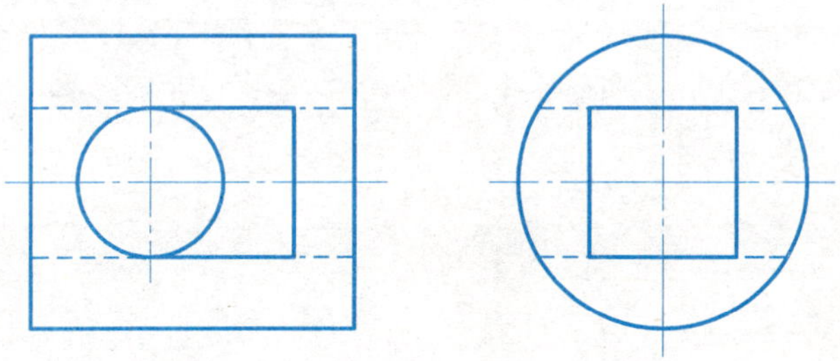

*1. 用辅助平面法求主视图上的相贯线。

(1)

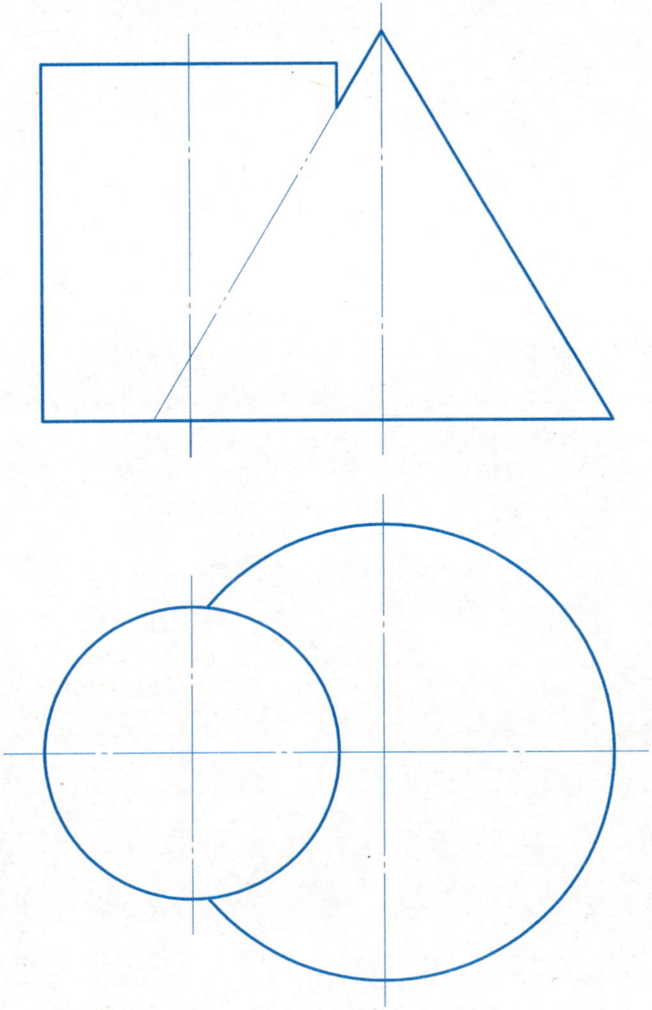

(2)

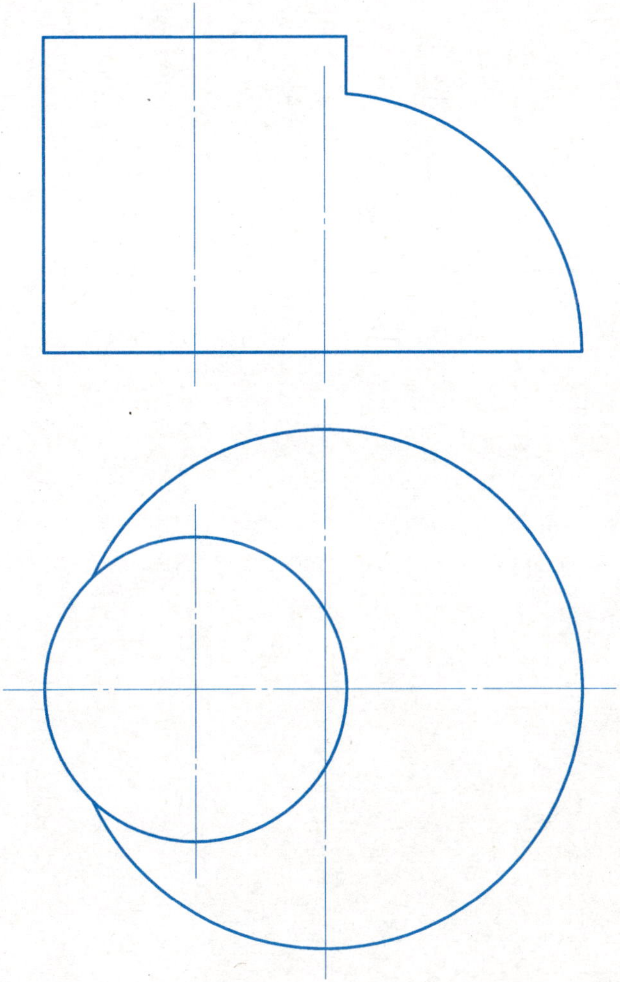

*2. 用辅助平面法补全主视图和俯视图上所缺的线。

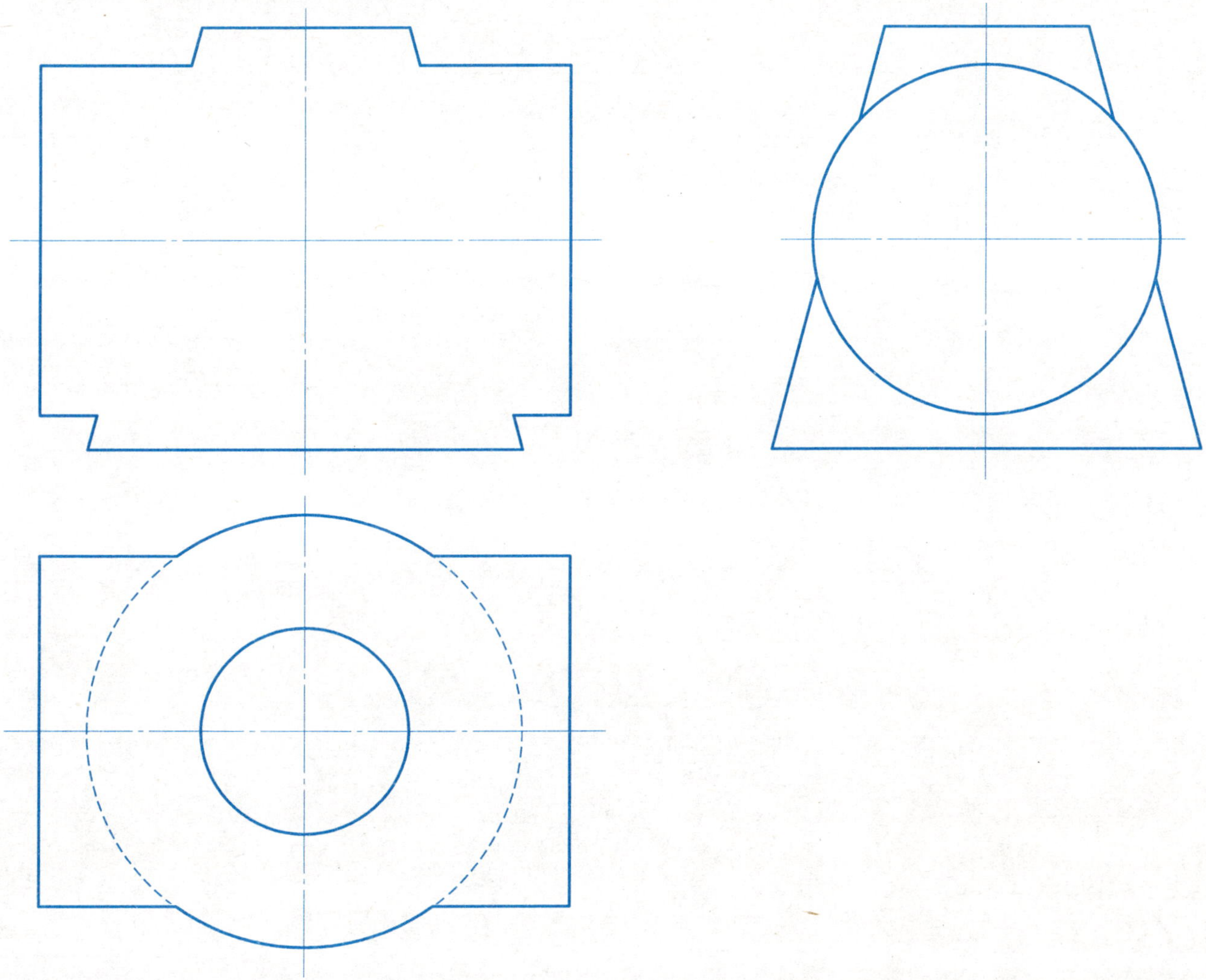

3. 已知主视图和俯视图，选择正确的左视图。

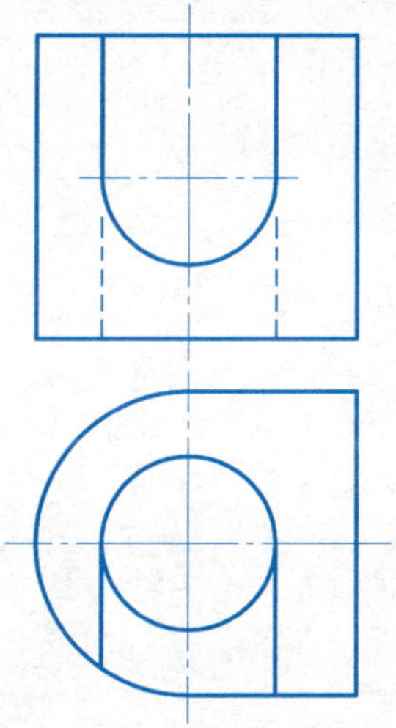

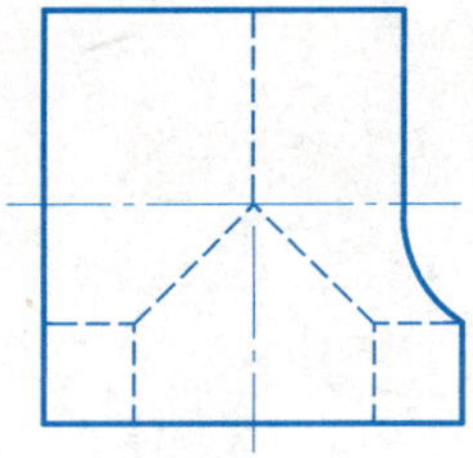
(1)

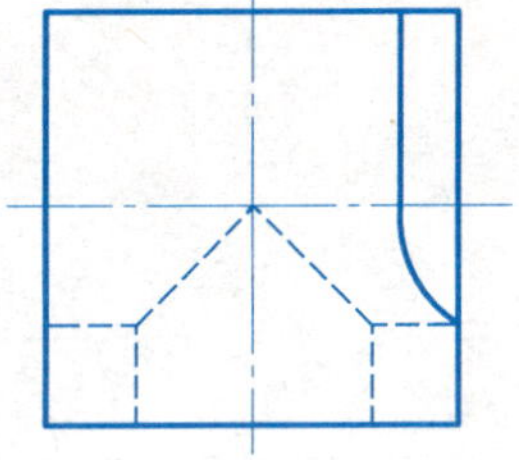
(2)

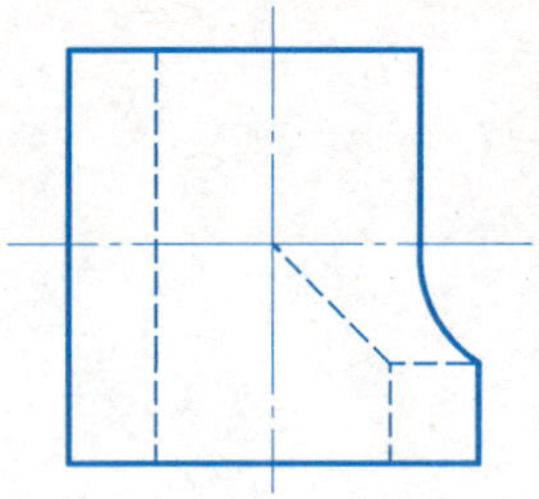
(3)

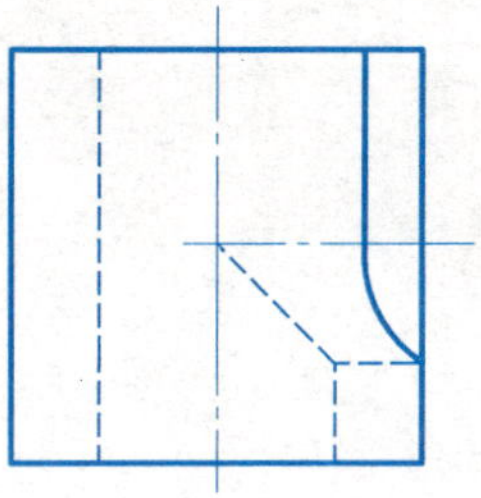
(4)

4. 已知主视图和俯视图，选择正确的左视图。

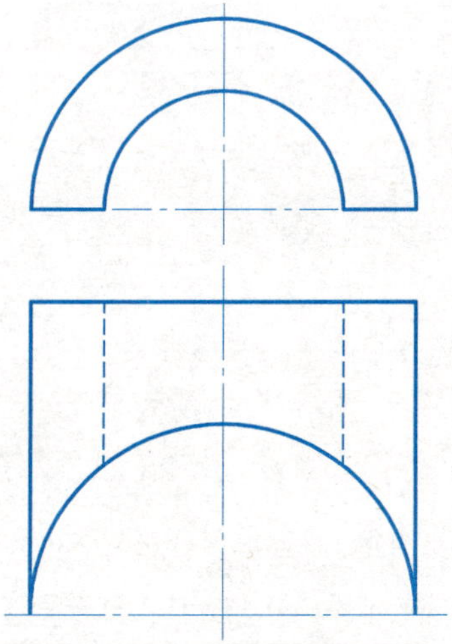

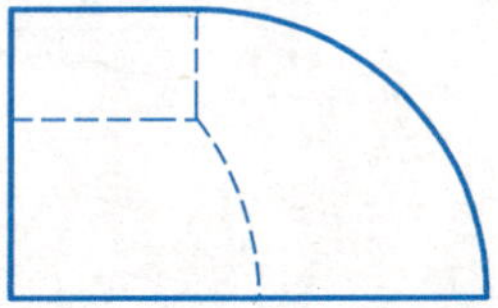
(1)

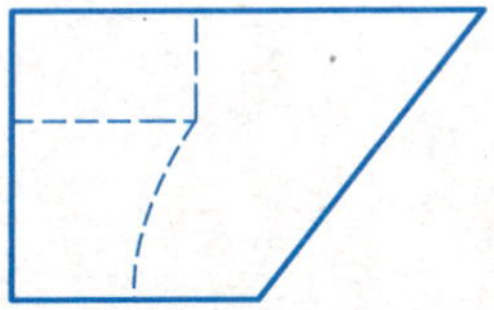
(2)

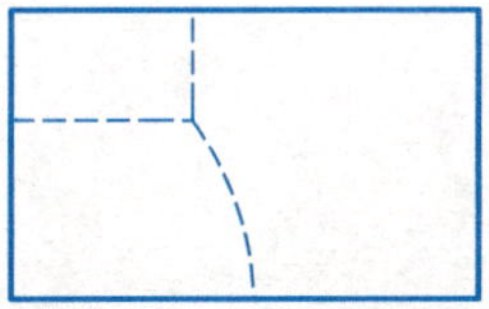
(3)

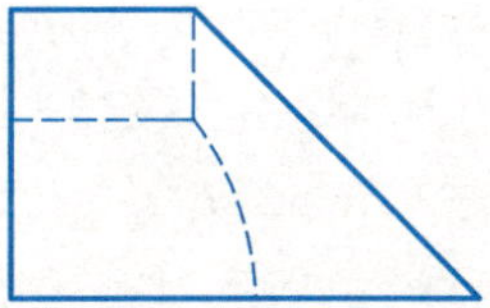
(4)

1. 参照立体图画出三视图（未定尺寸从立体图上量取）。

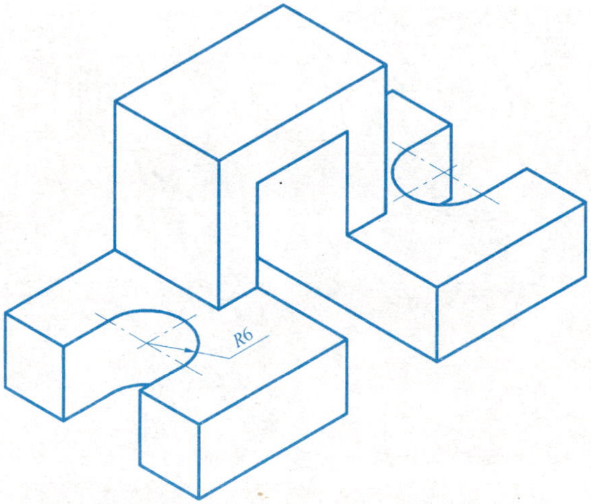

2. 参照立体图画出三视图（未定尺寸从立体图上量取）。

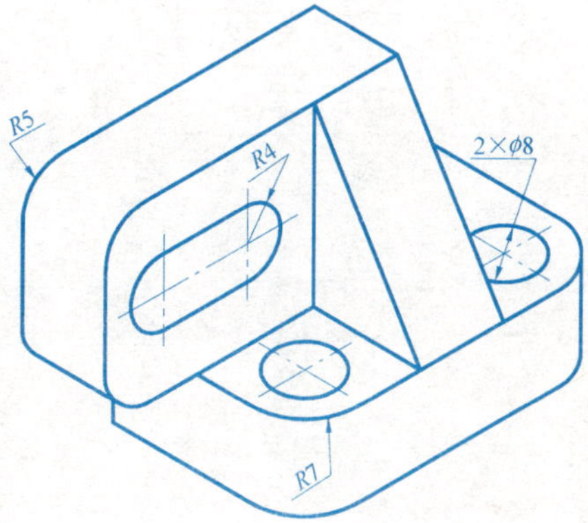

注：孔为通孔

3. 参照立体图画出三视图(未定尺寸从立体图上量取)。

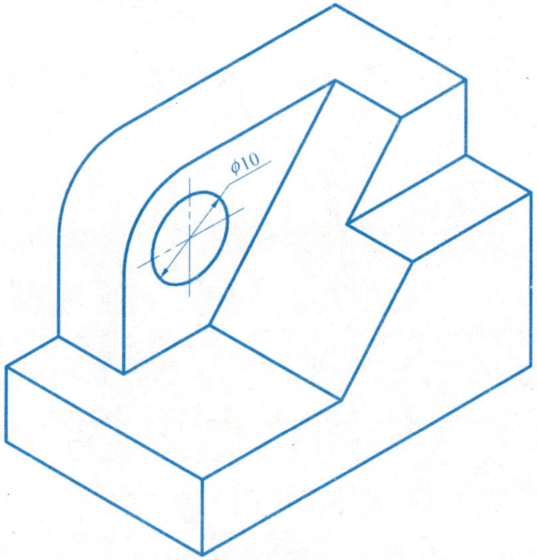

注：孔为通孔

4. 参照立体图画出三视图(未定尺寸从立体图上量取)。

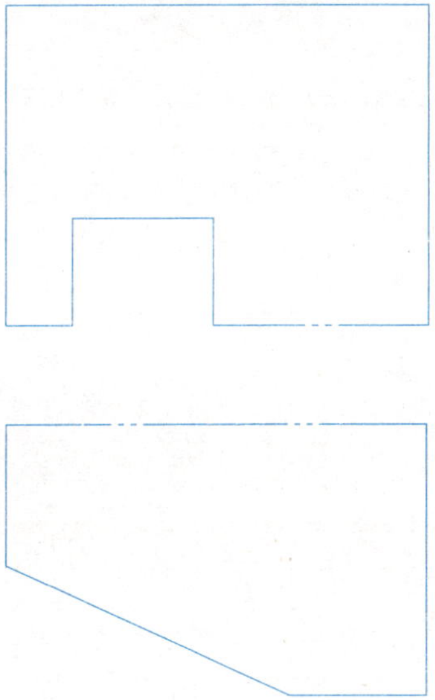

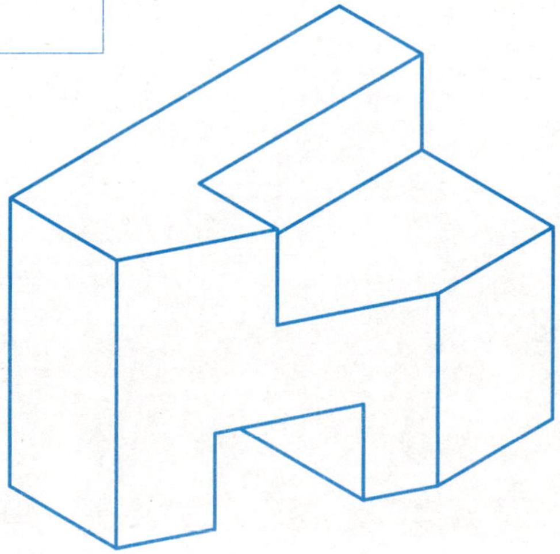

1. 根据物体的两面投影，补画第三视图。

(1)

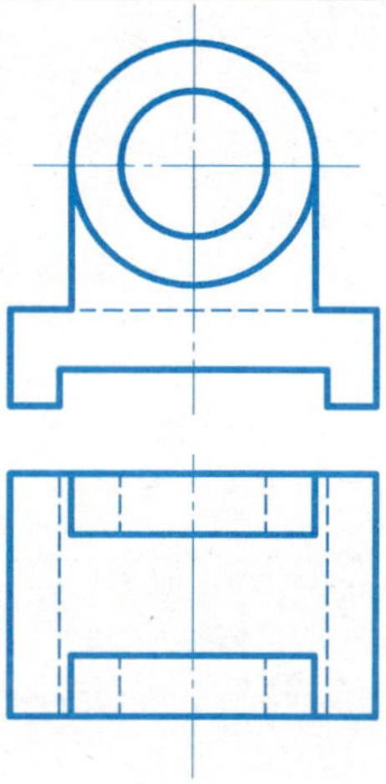

(2)

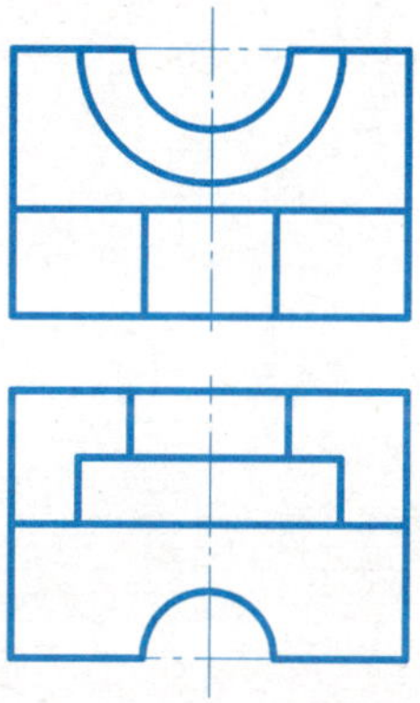

(3)

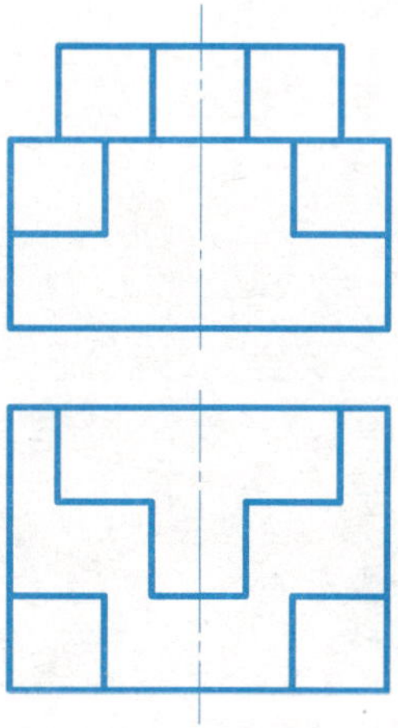

(4)

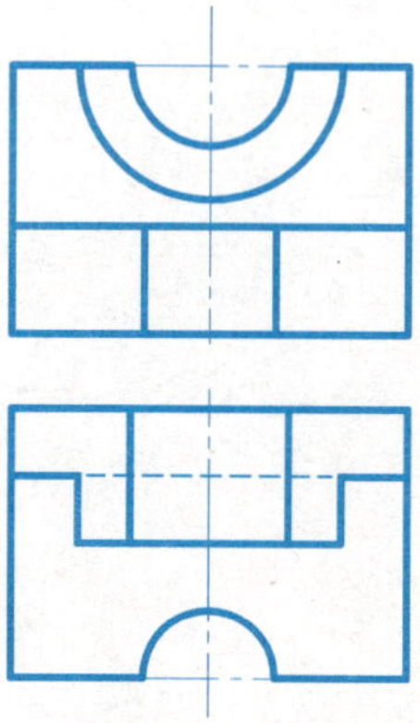

2. 求作主视图。

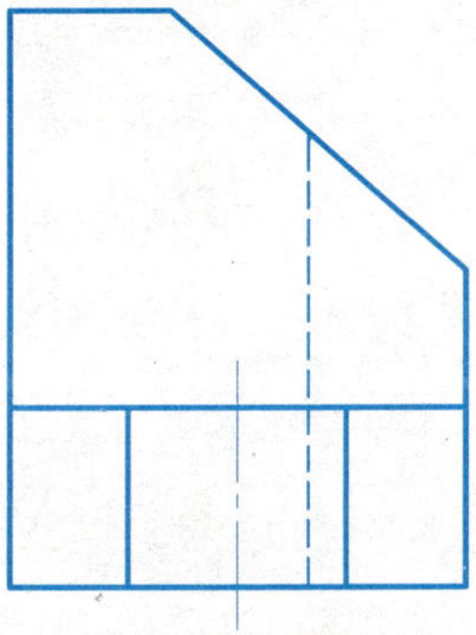

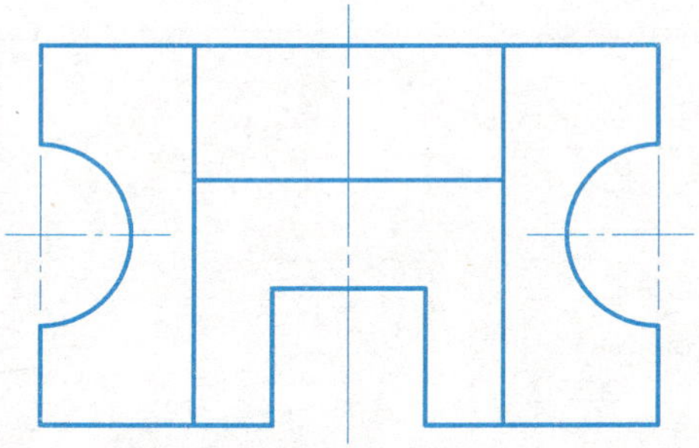

3. 求作左视图。

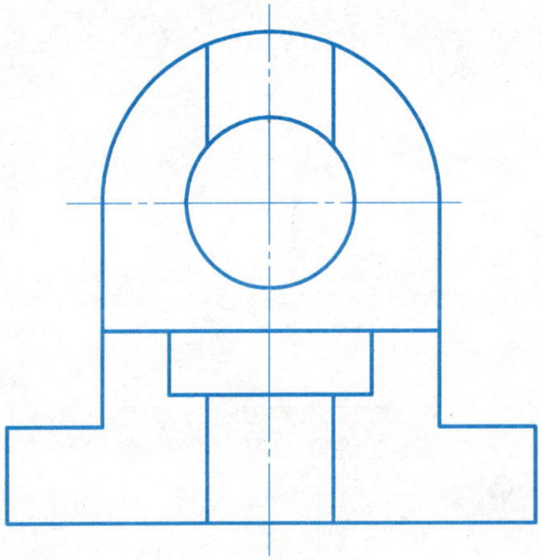

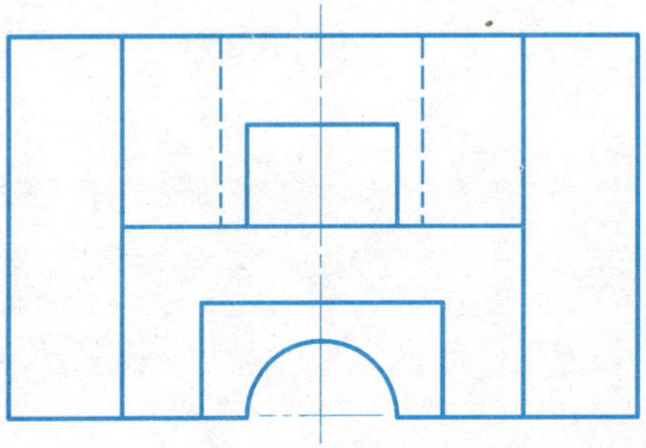

4. 分析形状的变化，补齐视图中所缺的线。

(1)

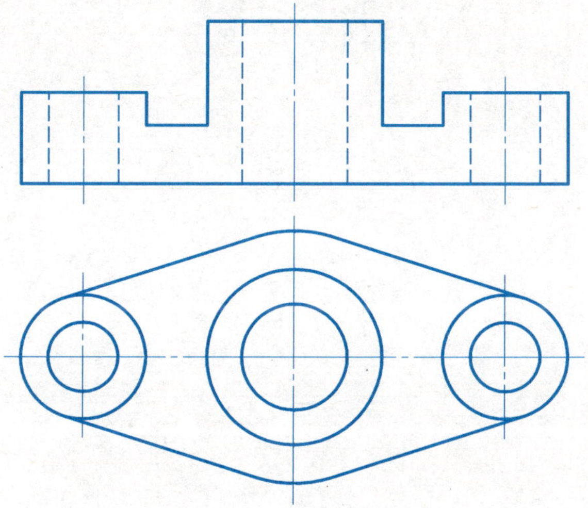

(2)

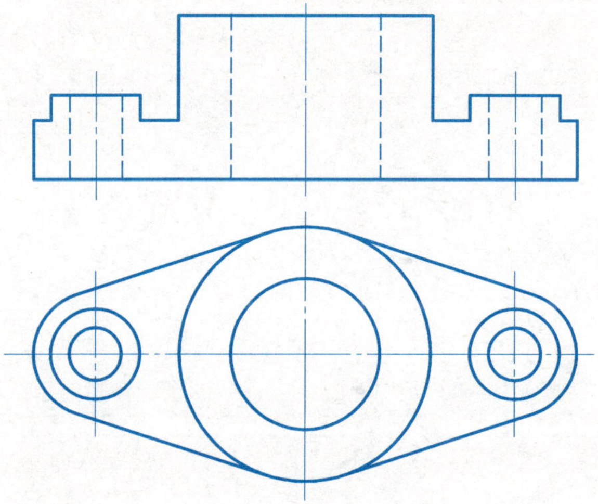

(3)

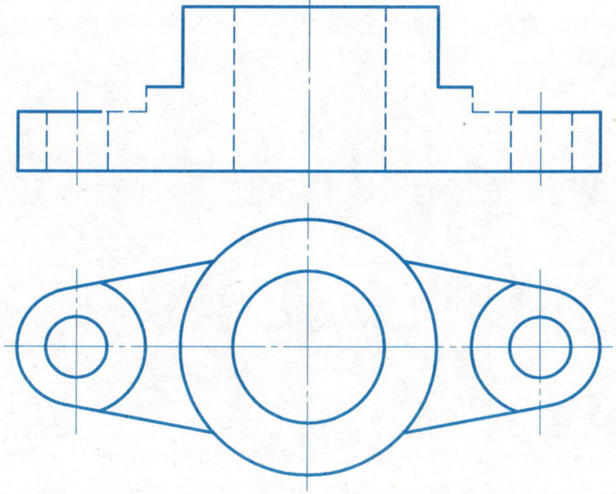

(4)

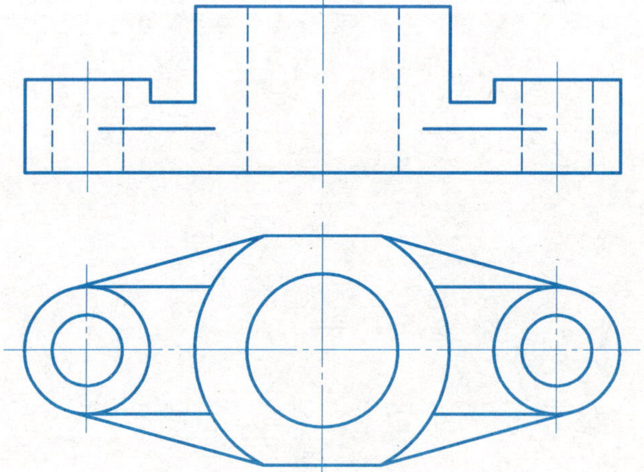

5. 求作左视图。

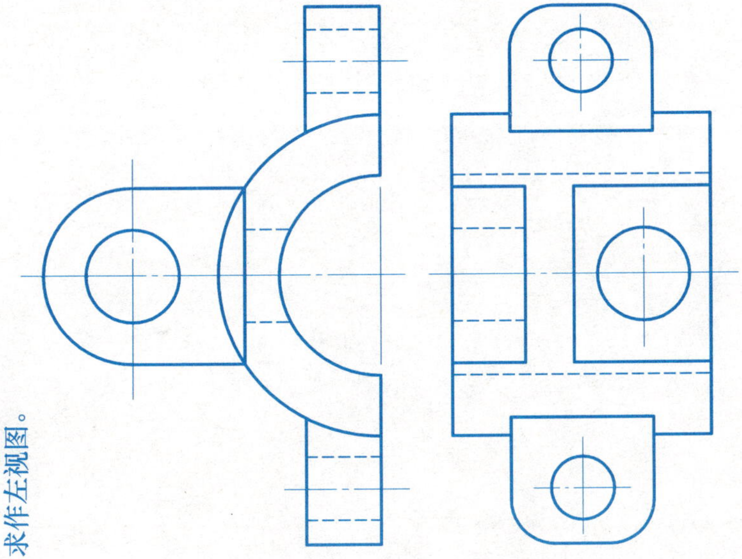

6. 求作左视图。

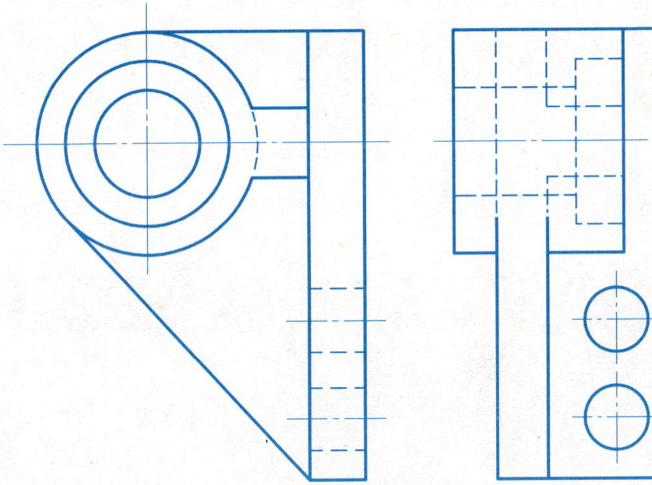

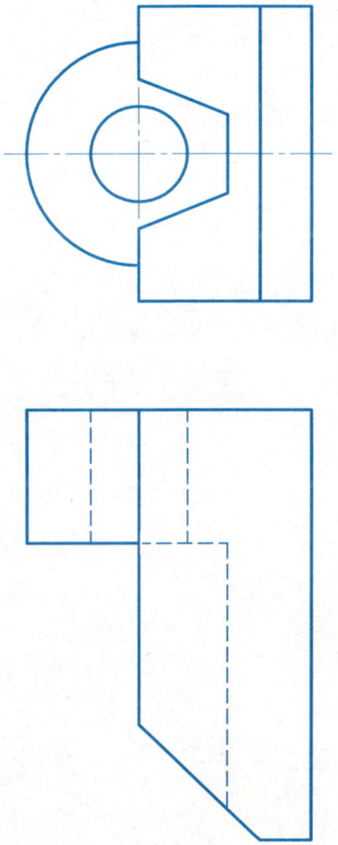

7. 求作俯视图。

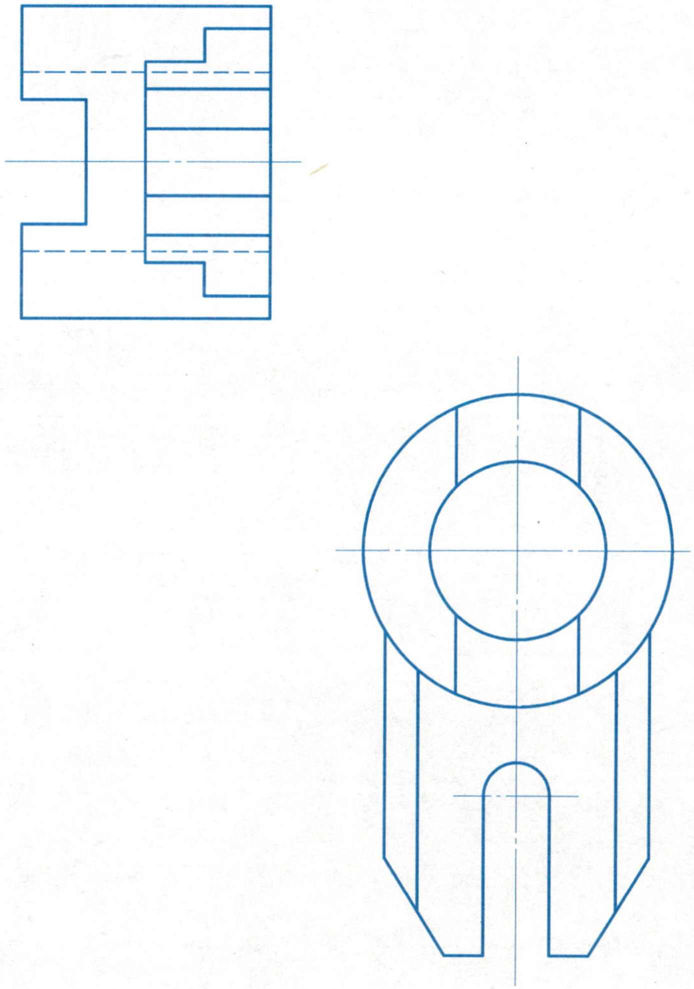

8. 求作主视图。

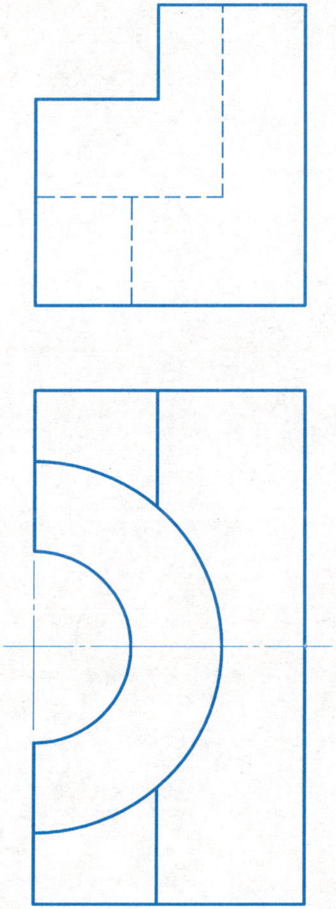

9. 求作俯视图。

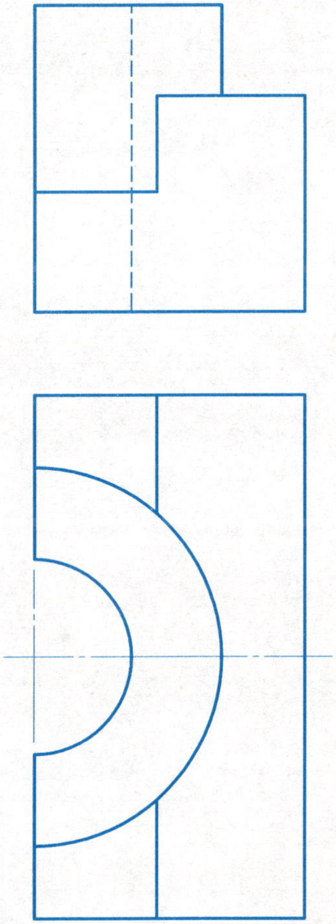

10. 求作俯视图。

11. 求作左视图。

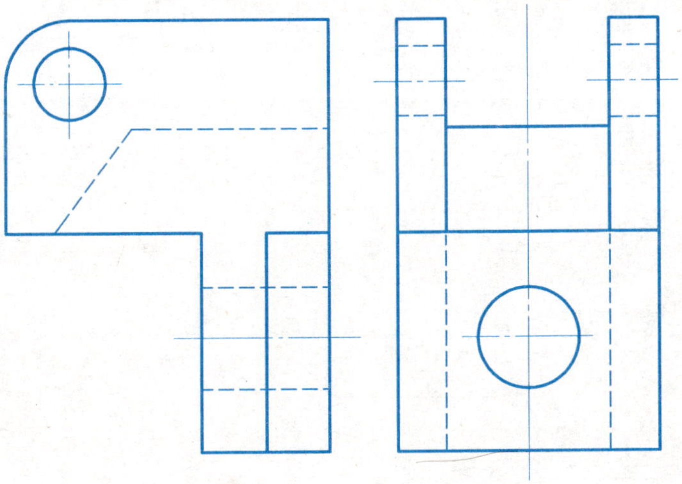

12. 求作左视图。

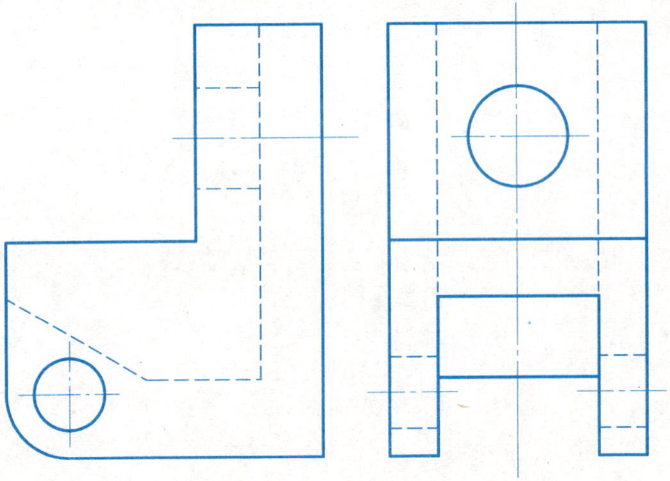

7－9	组合体视图（二）	班级		学号		姓名		审阅		日期		70

13. 求作左视图。

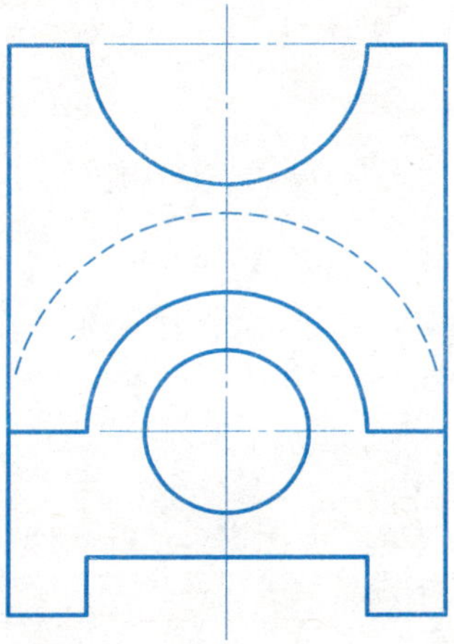

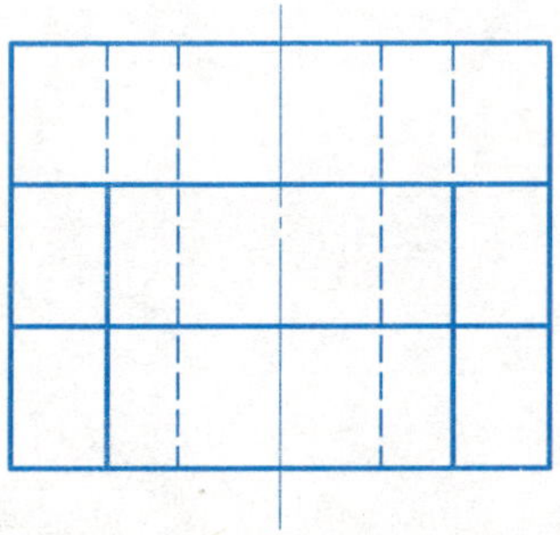

14. 求作左视图。

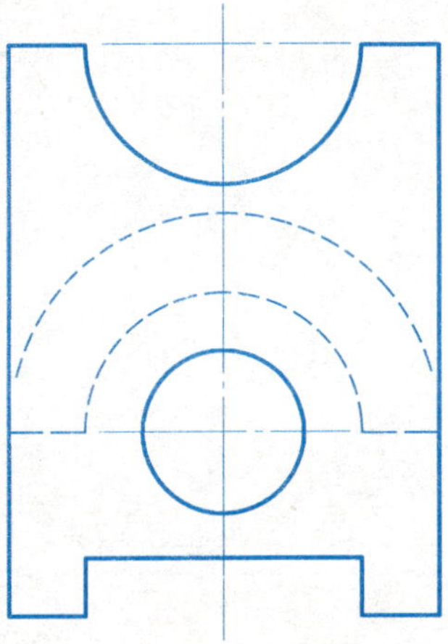

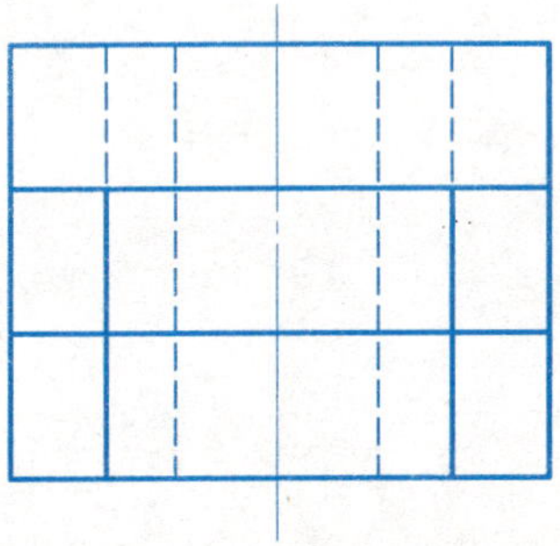

15. 求作左视图。

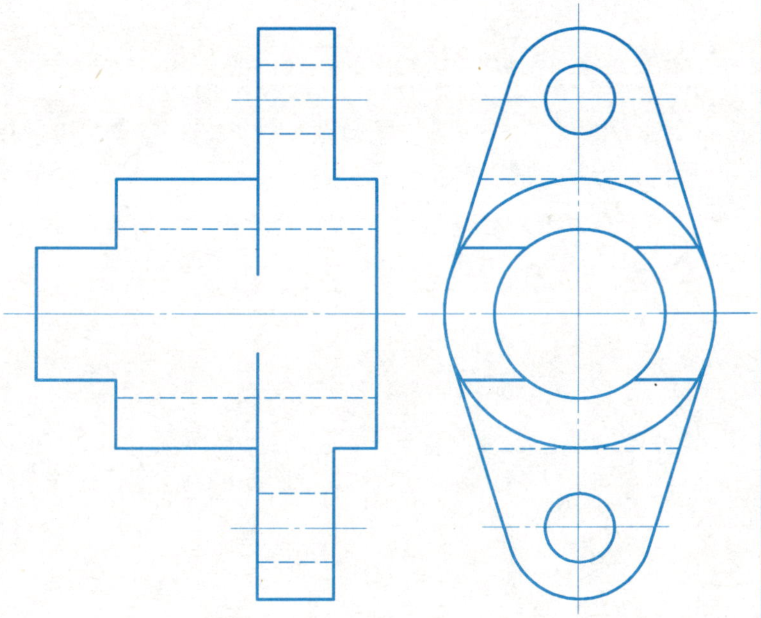

16. 求作左视图。

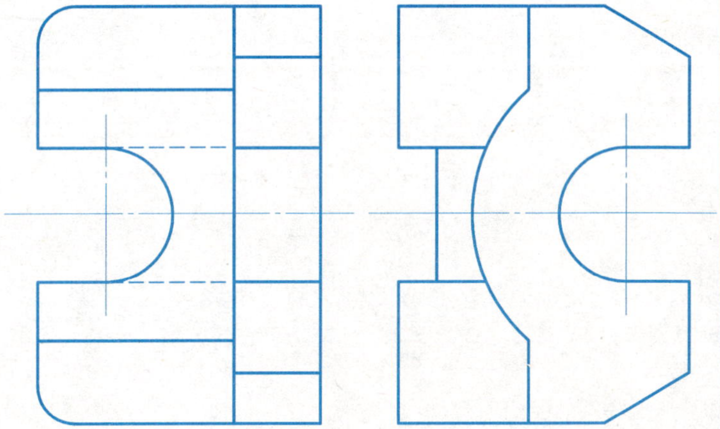

17. 补齐视图中所缺的线。

(1) 补俯、左视图。

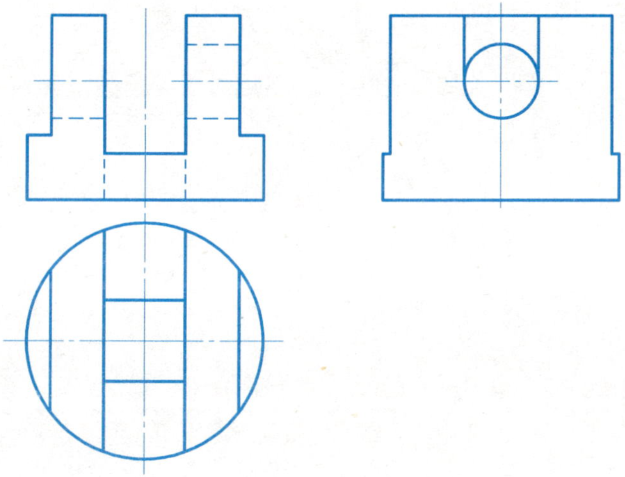

(2) 补主、左视图。

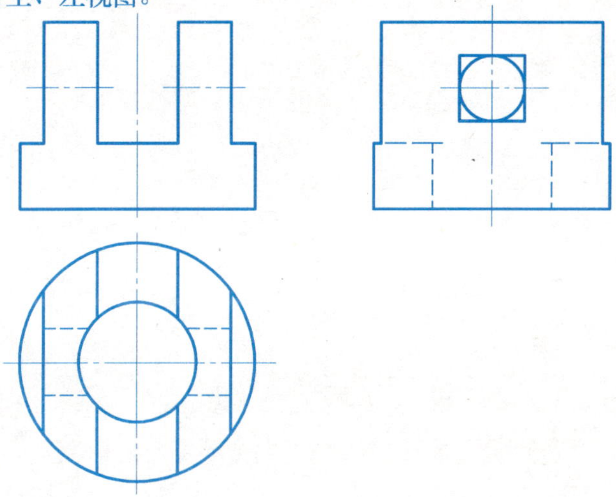

(3) 补主、左视图。

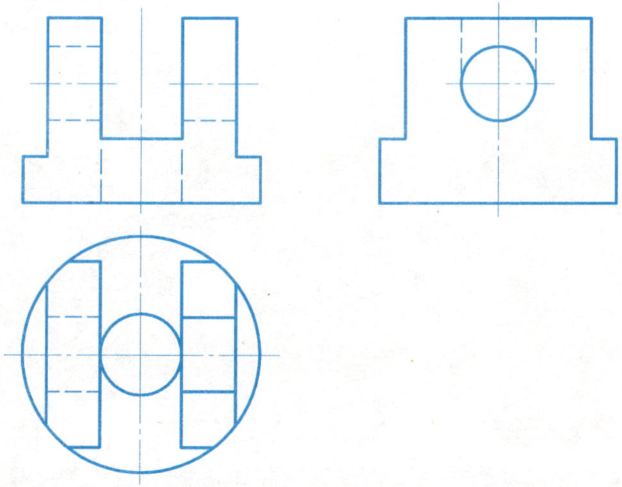

(4) 补主、左视图。

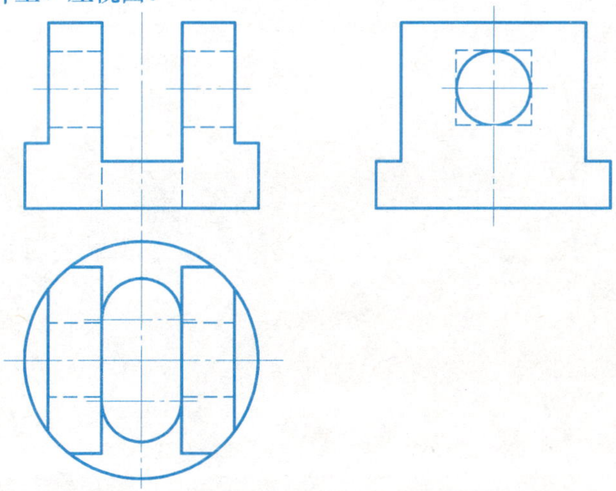

*1. 求作俯视图。

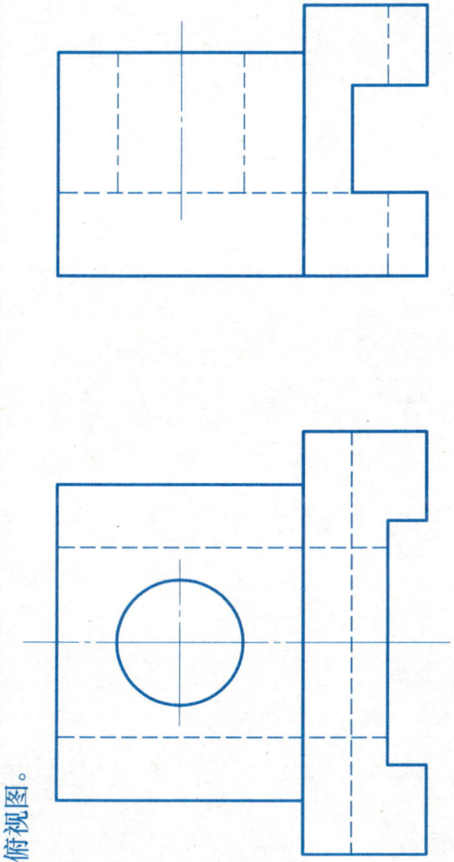

*2. 求作俯视图。

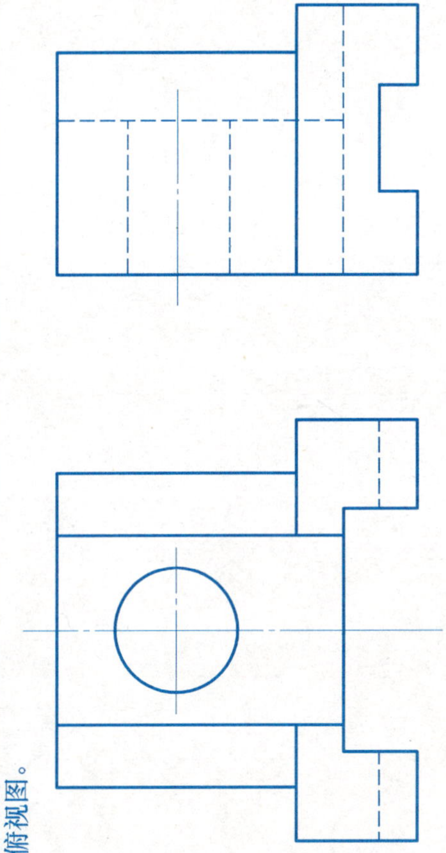

*3. 求作左视图。

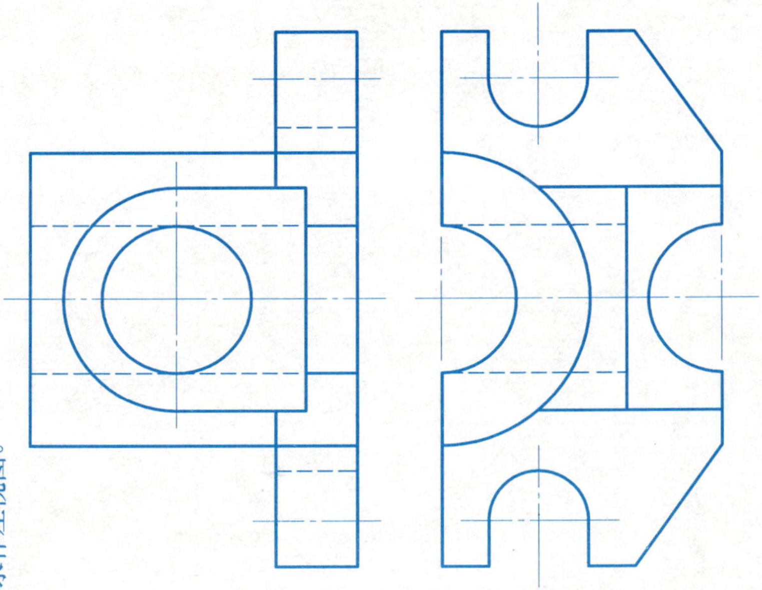

*4. 求作左视图。

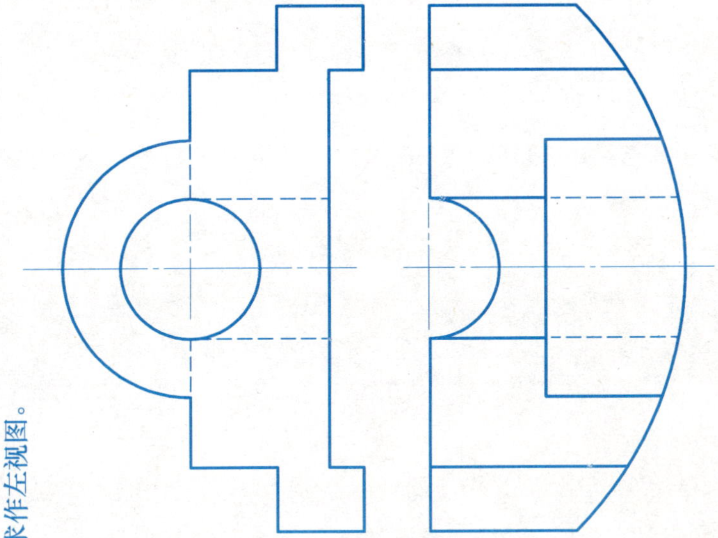

*5. 求作左视图。

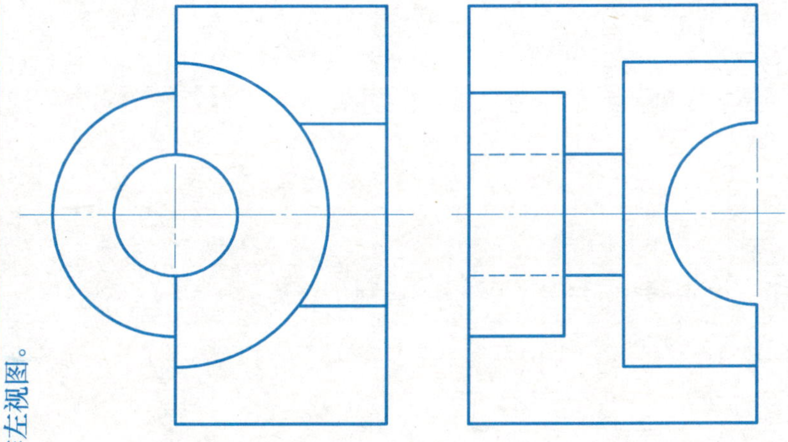

*6. 求作左视图。

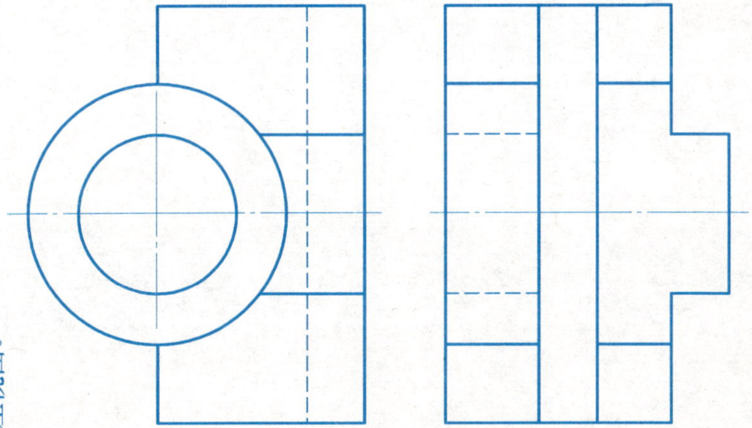

*7. 求作主视图。

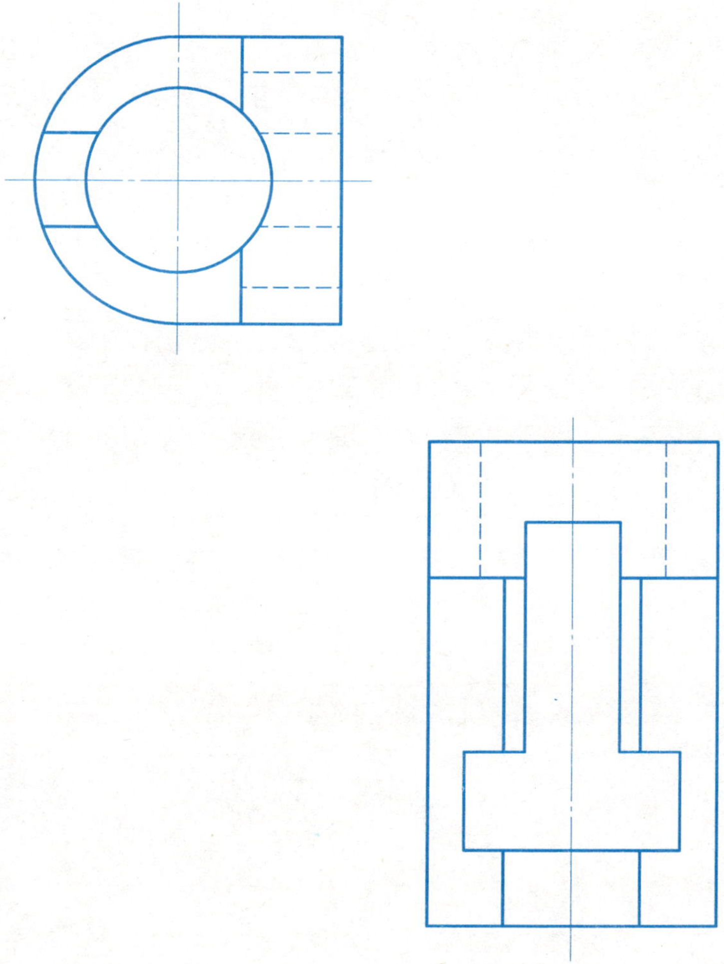

*8. 求作主视图。

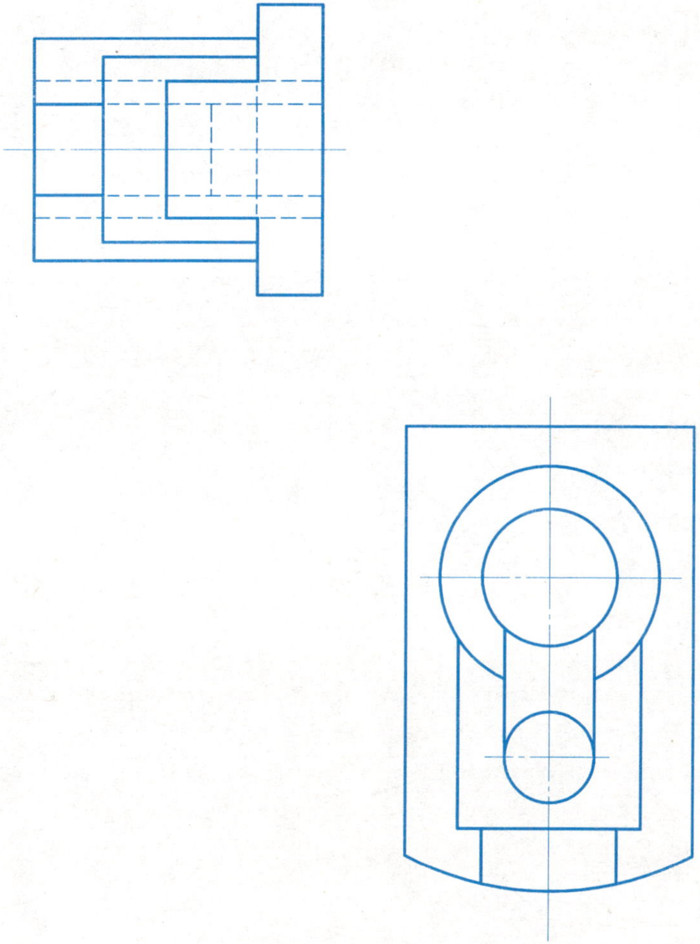

1. 找出图中尺寸注法的错误，并在右图上正确标注。

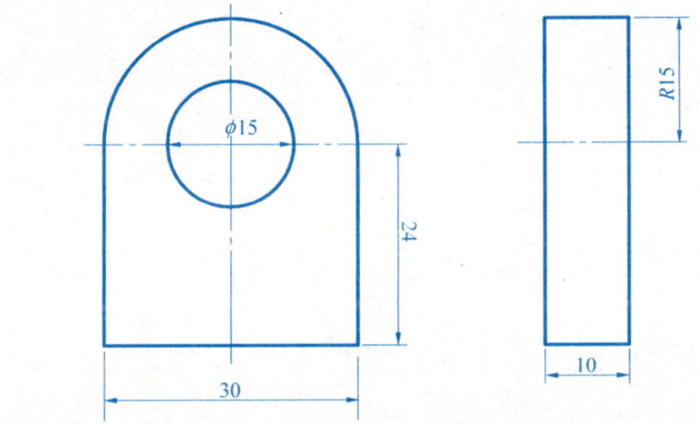

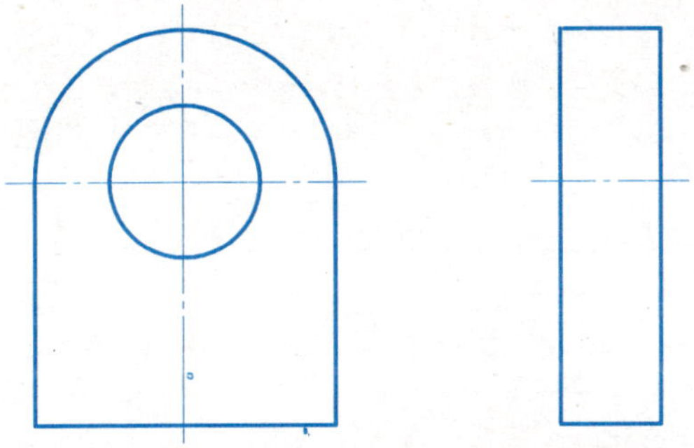

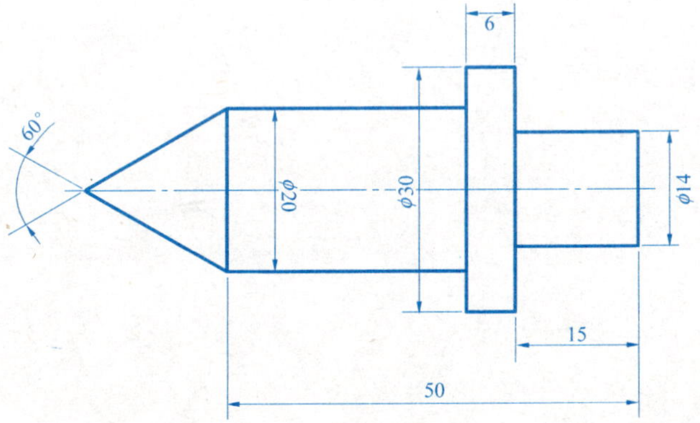

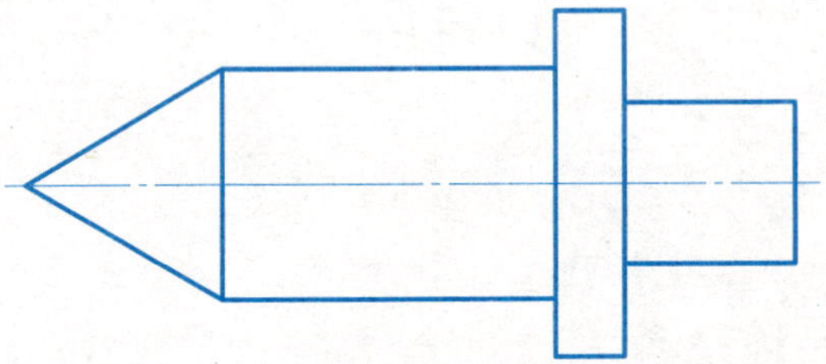

2. 标注尺寸（数值按 1:1 由图中量取，取整数）。

(1)

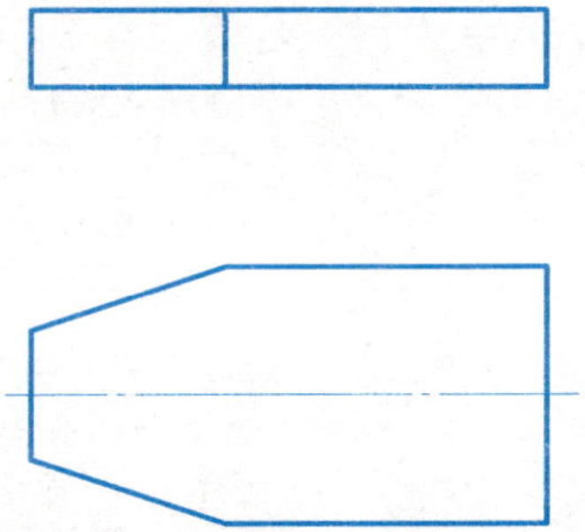

(2)

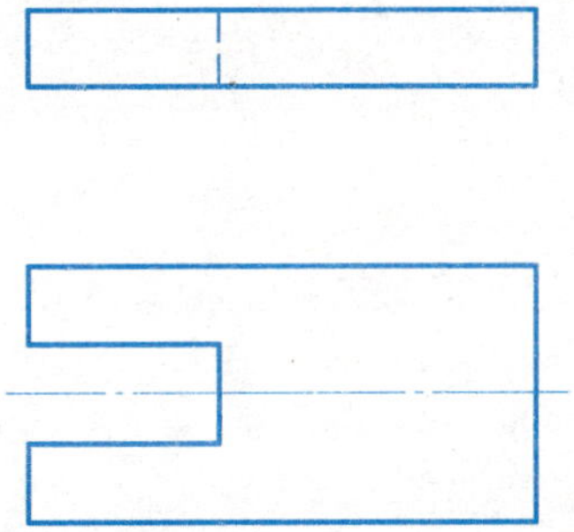

(3)

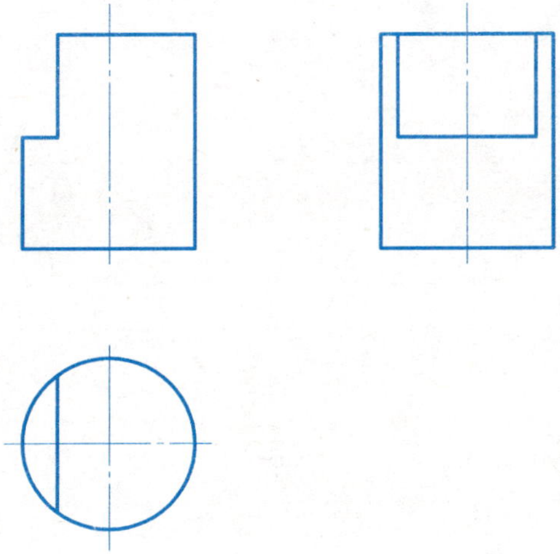

(4)

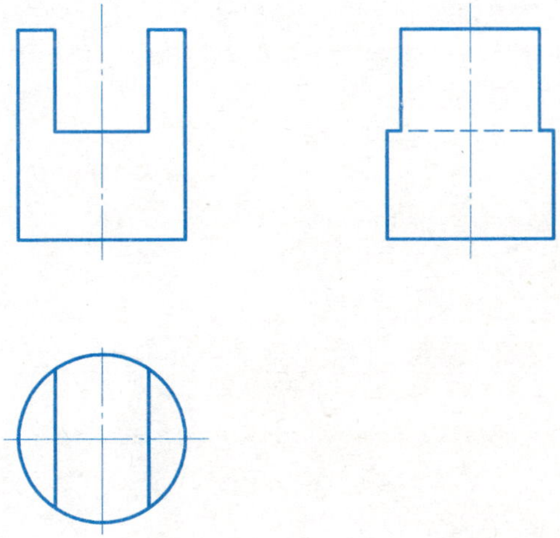

7－18	组合体尺寸标注	班级		学号		姓名		审阅		日期		79

3. 标注尺寸（数值按1:1由图中量取，取整数）。

(1)

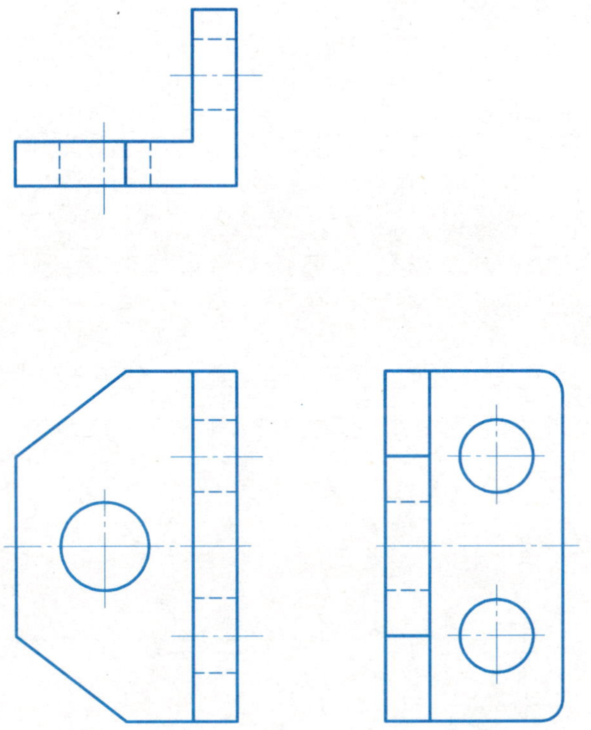

(2)

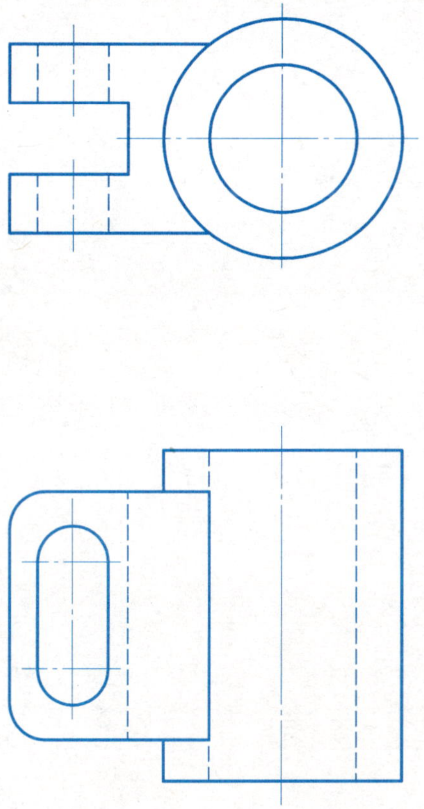

7-19	组合体尺寸标注	班级		学号		姓名		审阅		日期		80

4. 标注尺寸（数值按 1:1 由图中量取，取整数）。

(1)

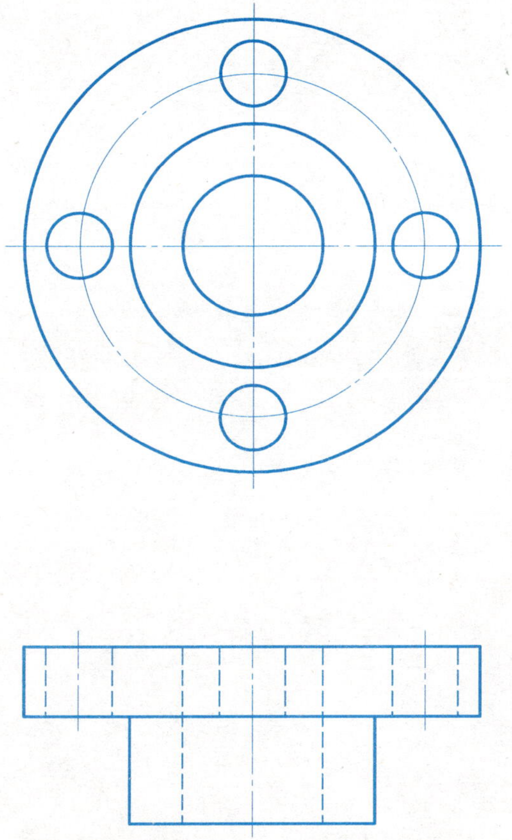

(2)

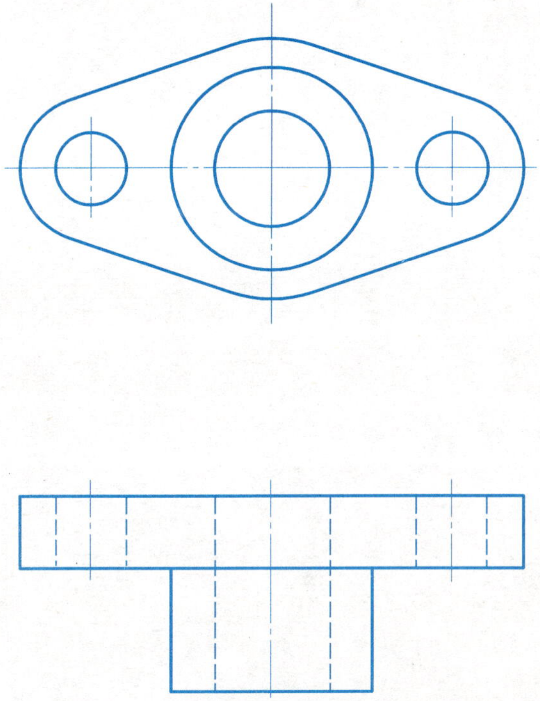

5. 标注尺寸(数值按 1:1 由图中量取，取整数)。

(1)

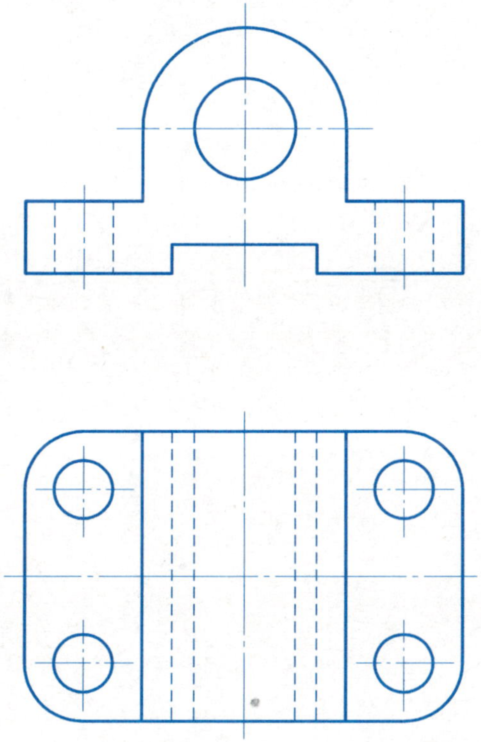

(2)

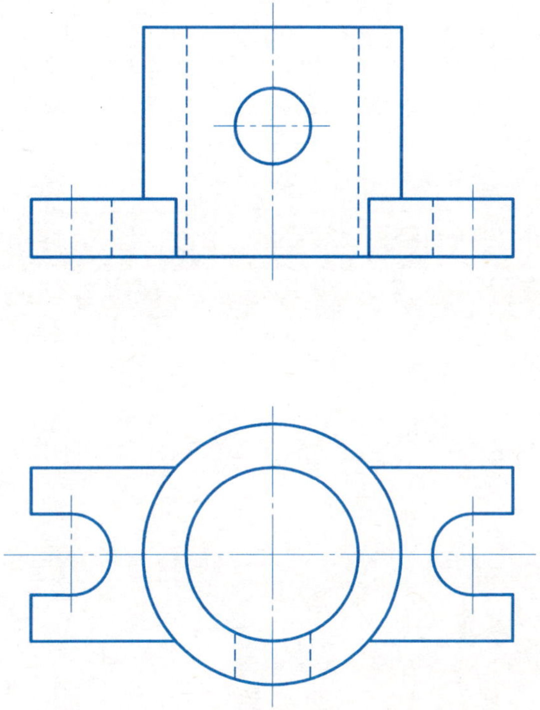

* 根据组合体的轴测图，画三视图并标注尺寸。(用 A4 或 A3 图纸绘制)

(1) 比例 1:1，尺寸从图中量取。

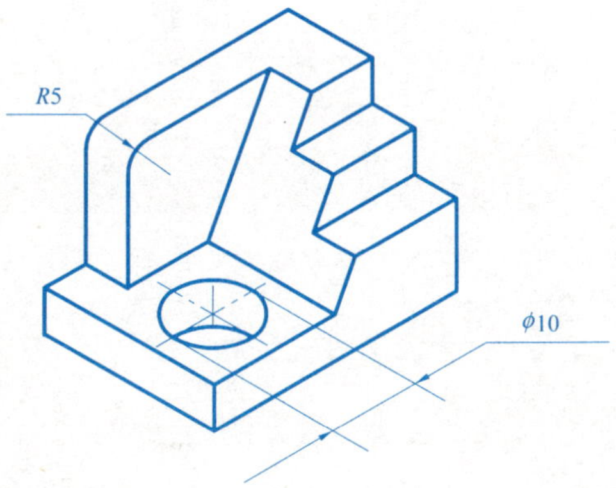

(2) 用 1:2 比例画。

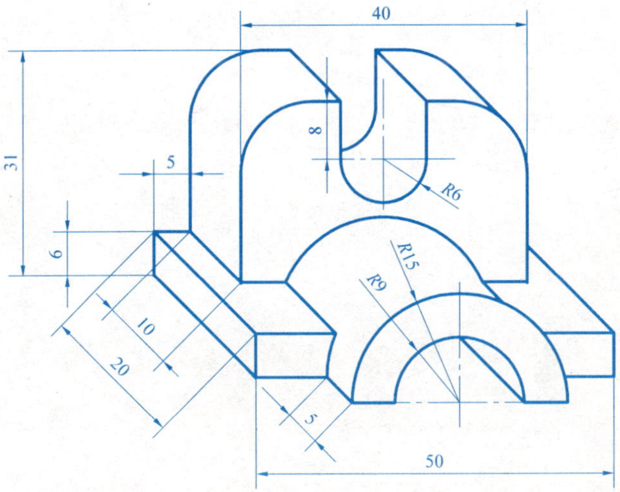

1. 根据物体的主视图和俯视图，补画左视图、右视图、仰视图和后视图。

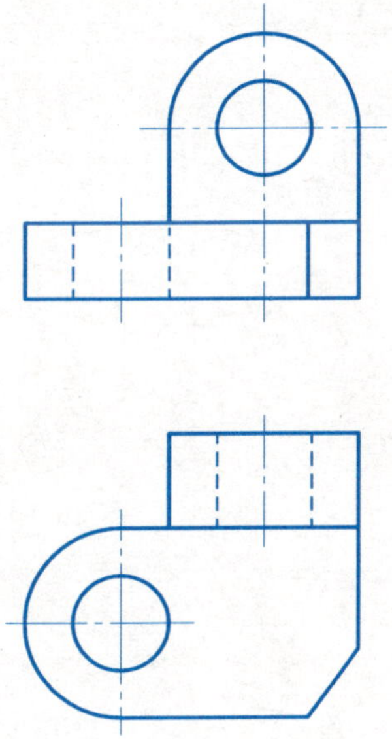

2. 根据物体的主视图和 *C* 向视图，按照箭头所指的方向，在给定位置画出相应的向视图。

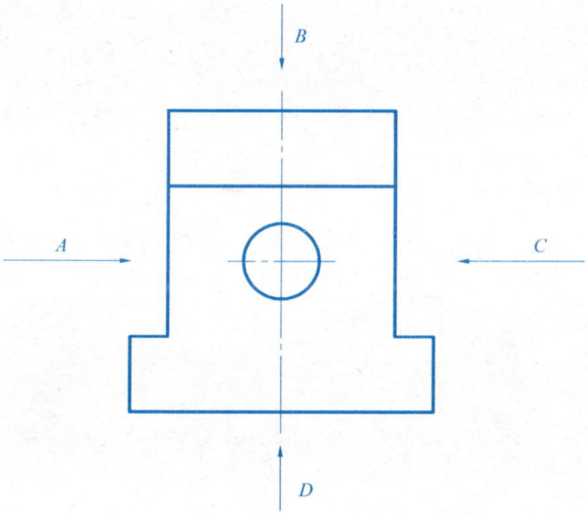

A

B

D

E

C

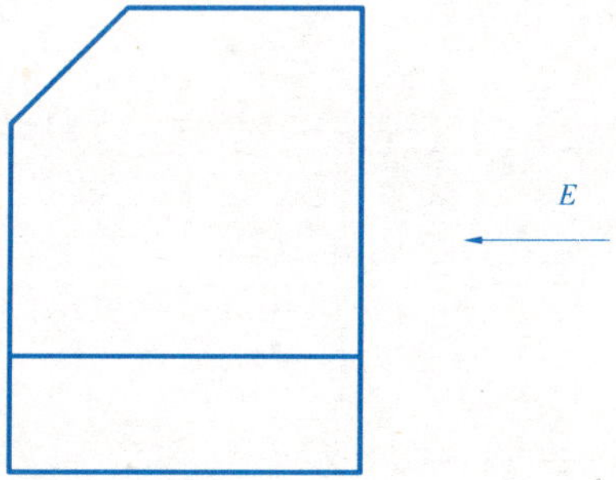

3. 参考轴测图，按照箭头所指的方向，在给定位置画出相应斜视图和局部视图。

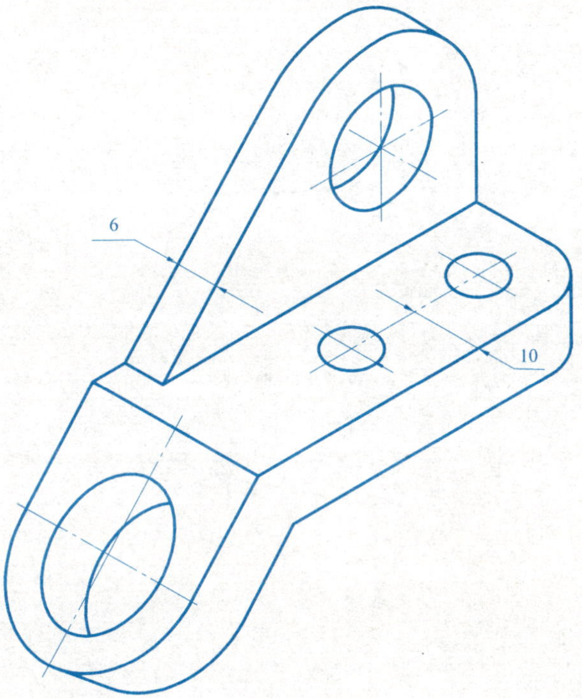

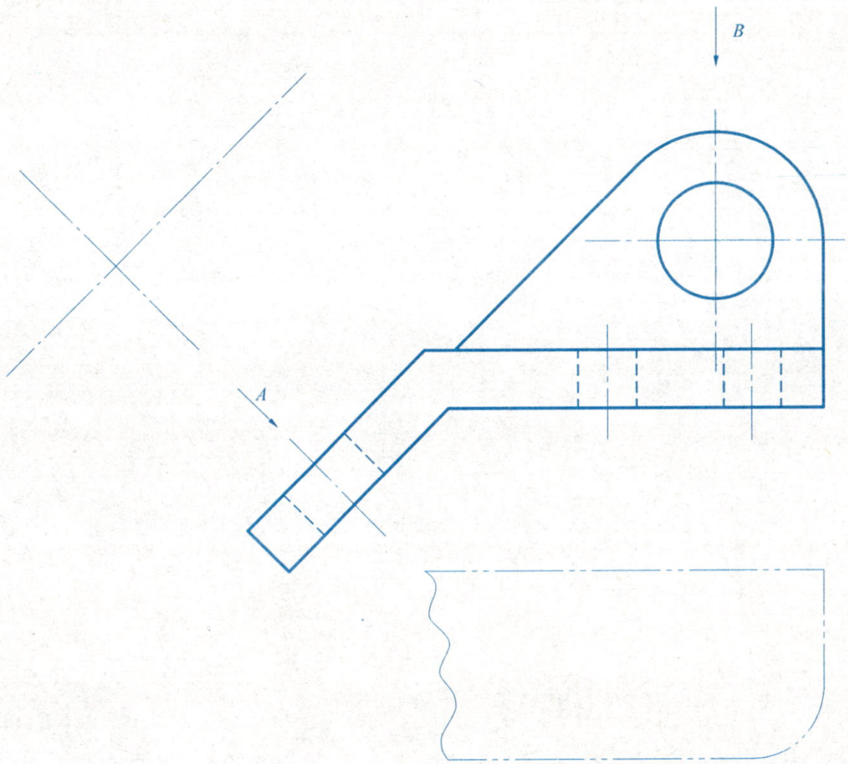

4. 补全剖视图中所缺的图线。

(1)

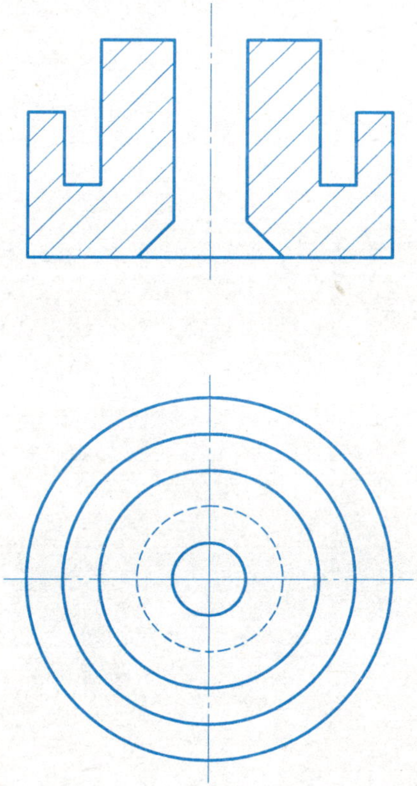

(2)

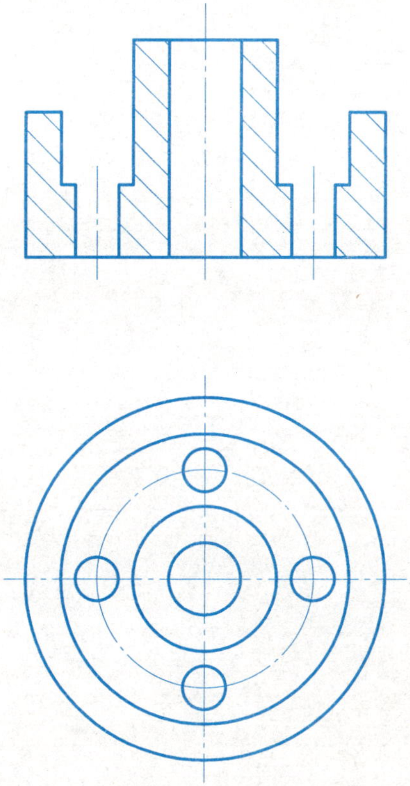

5. 补全剖视图中所缺的图线。

(1)

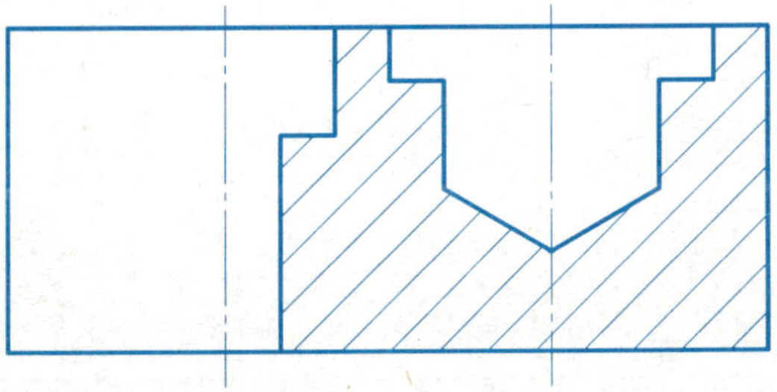

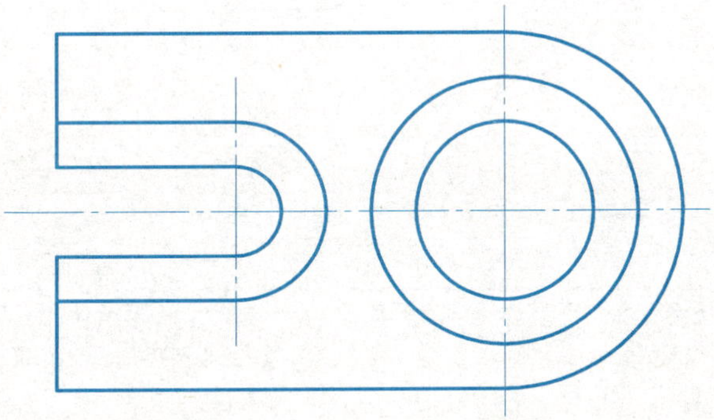

(2)

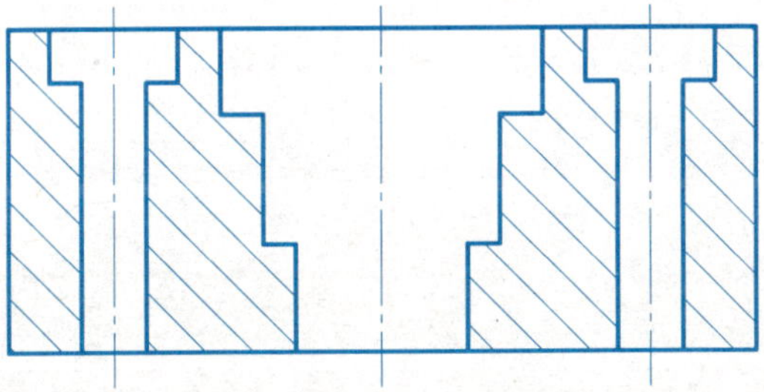

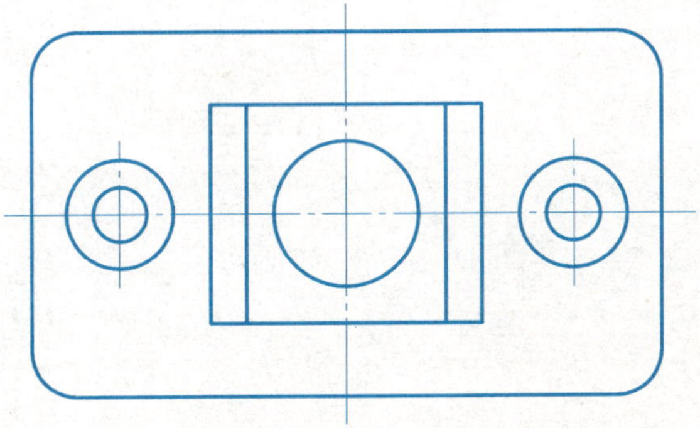

6. 将物体的主视图改为半剖视图，并补画全剖的左视图。

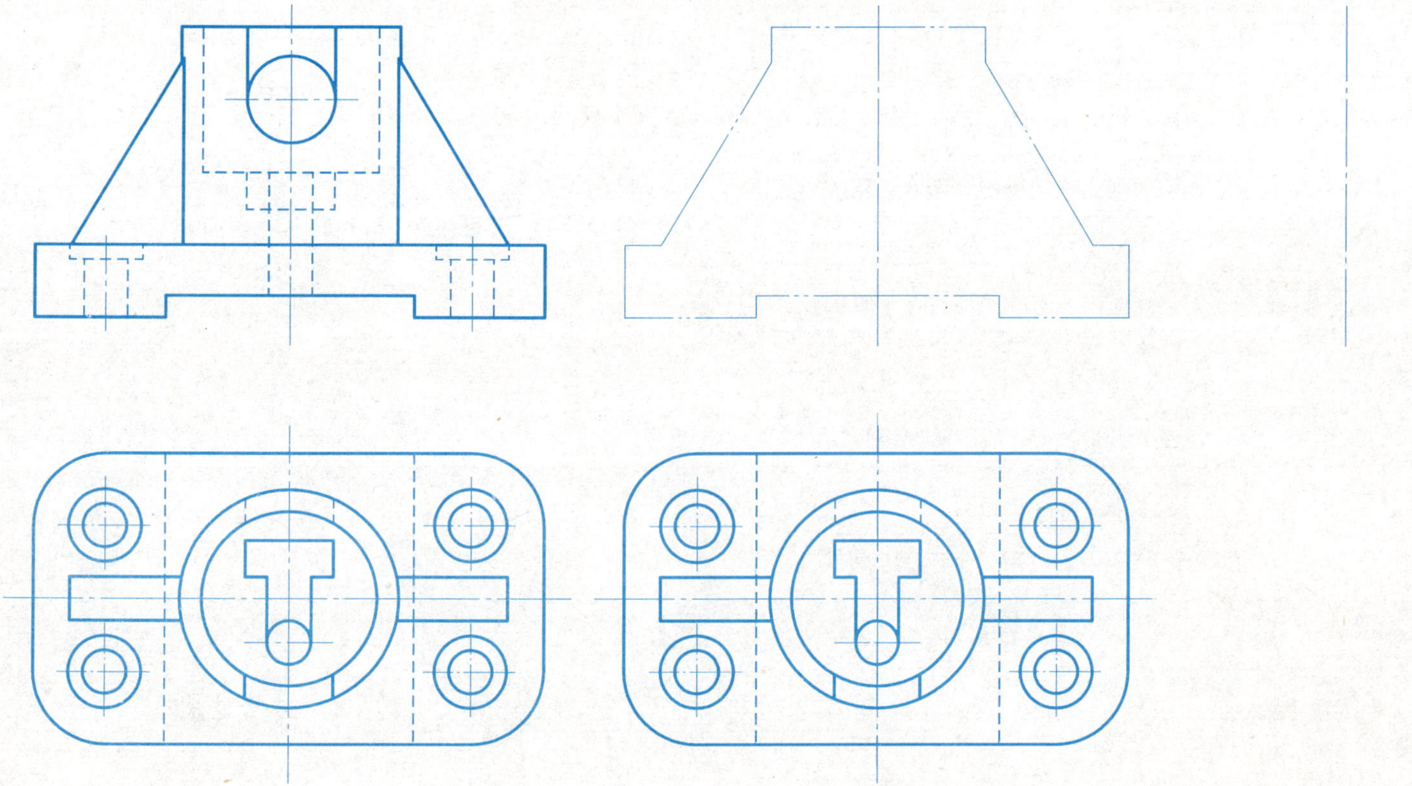

7. 局部剖视图。

(1) 将主视图改画成局部剖视图。

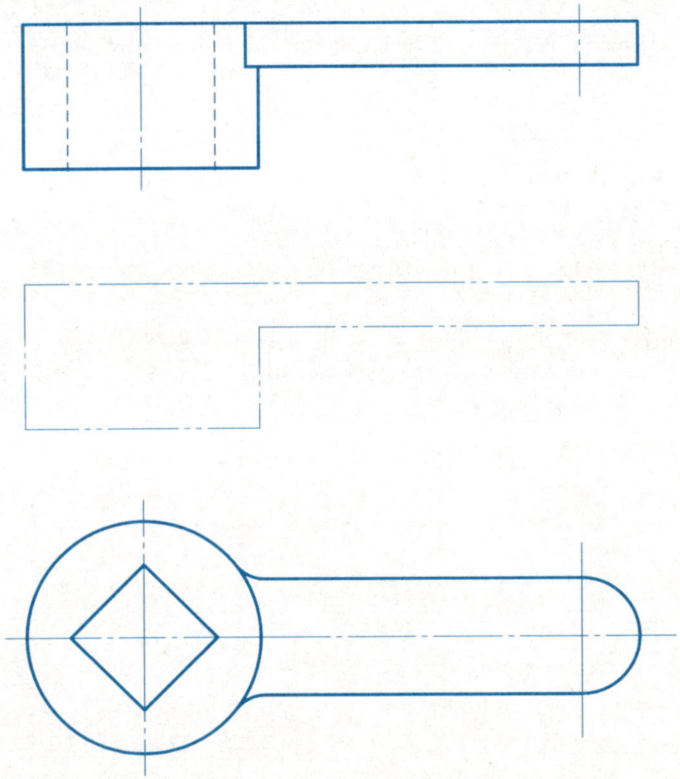

(2) 将主、俯视图改画成局部剖视图。

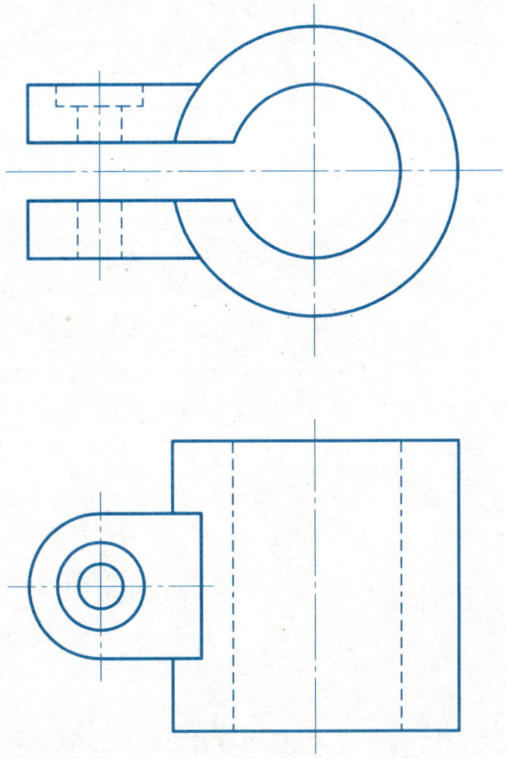

8. 用阶梯剖的方法，将主视图改画成全剖视图。

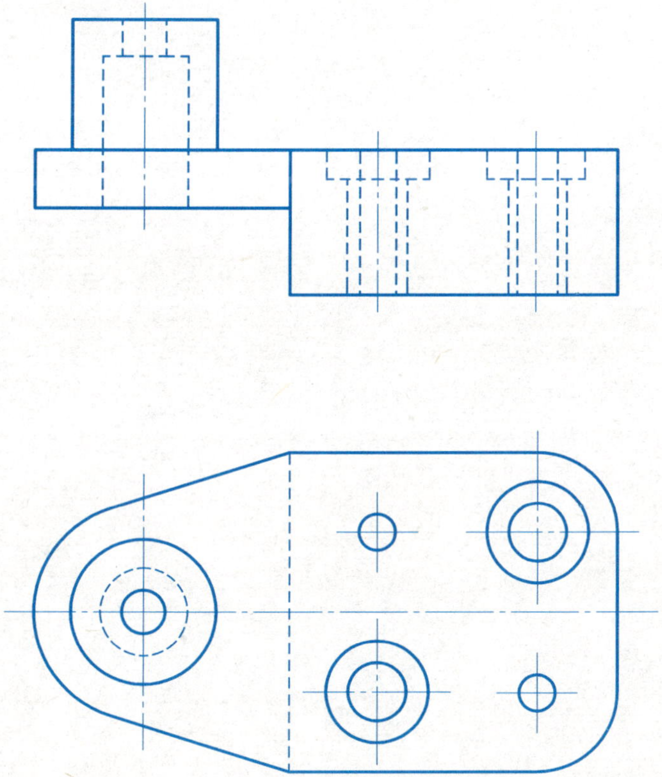

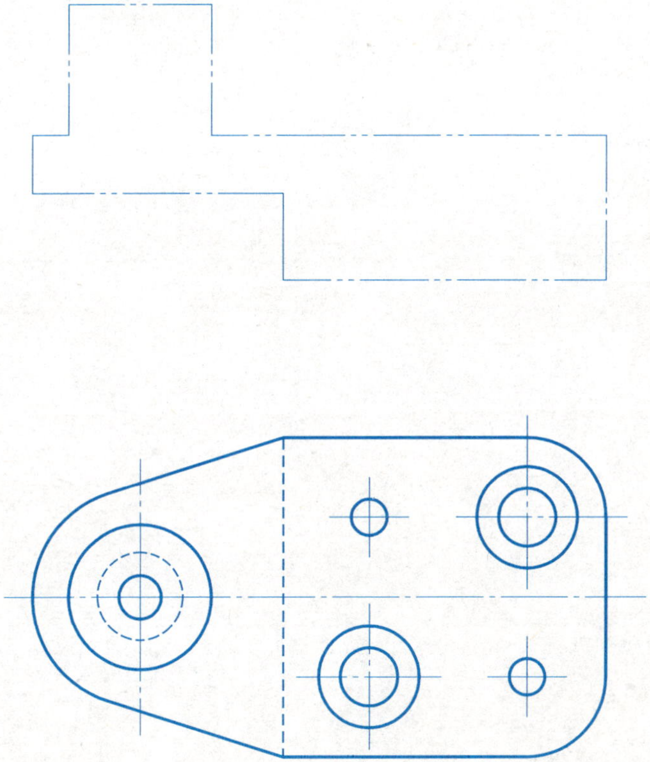

9. 用旋转剖的方法，将主视图画成全剖视图。

(1)

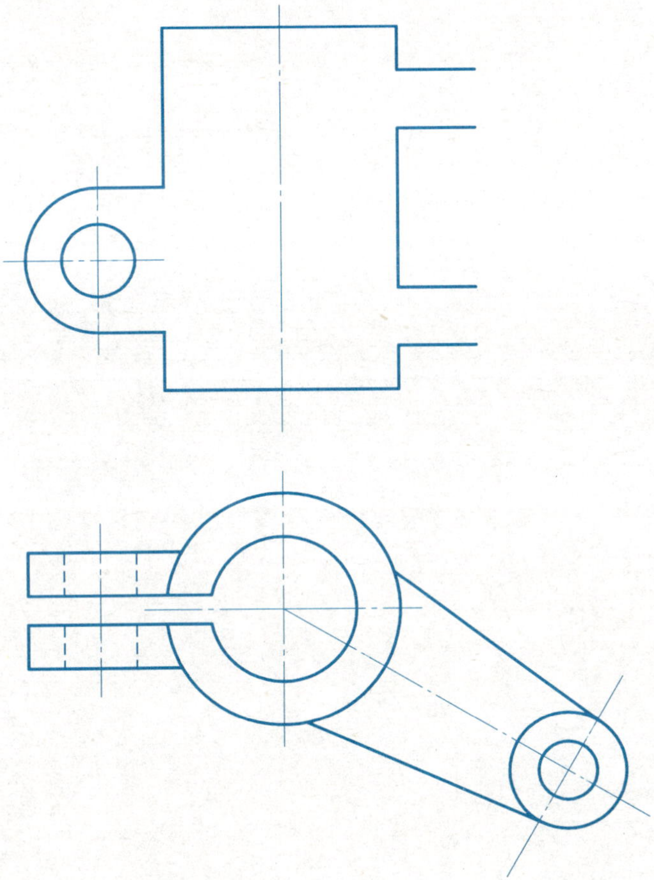

(2)

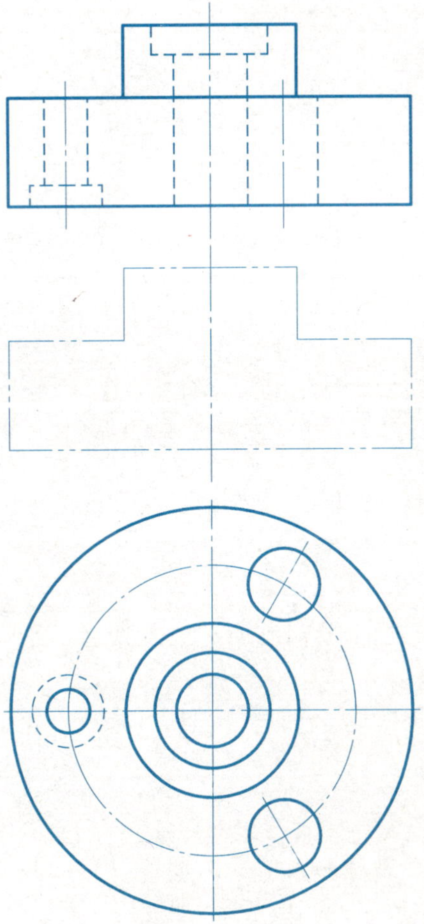

10. 断面图。

(1) 画出扁头、通孔和键槽的移出断面图。

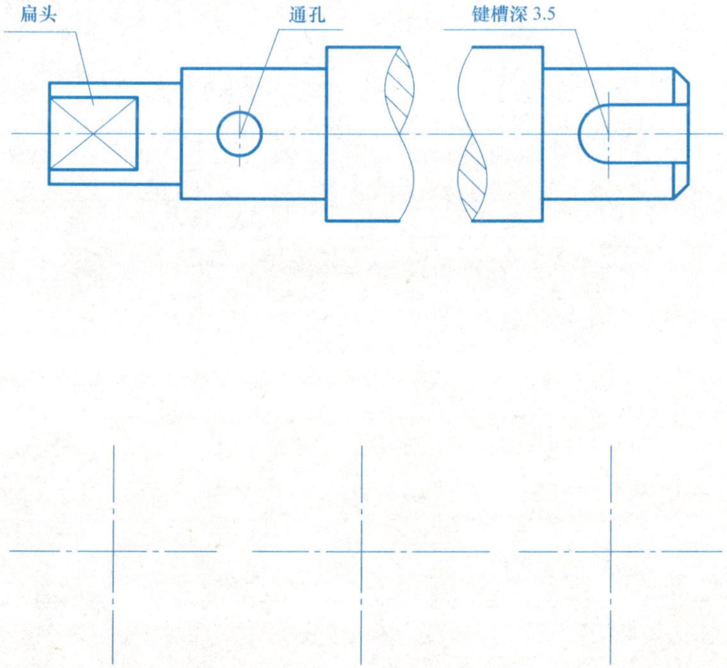

(2) 在物体俯视图的剖切位置上，画重合断面图。

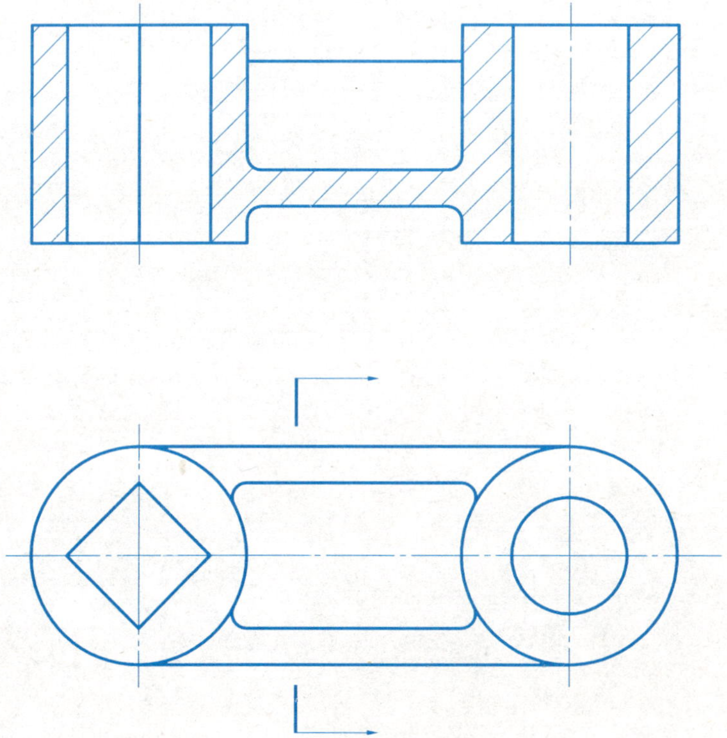

1. 找出螺纹和螺纹连接画法中的错误（打 × 号），并在下方画出正确的图。

(1)

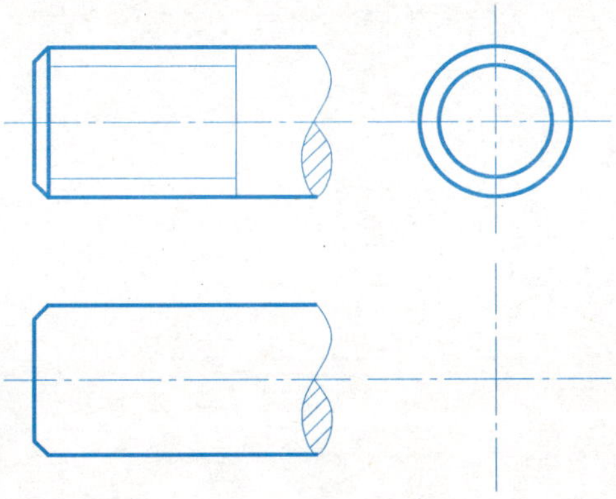

(2)

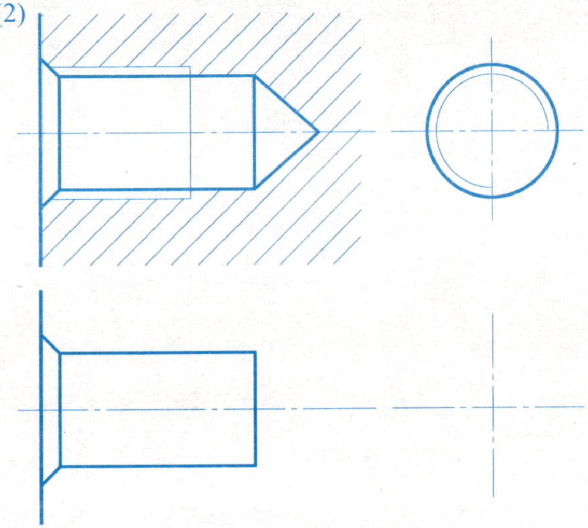

(3)

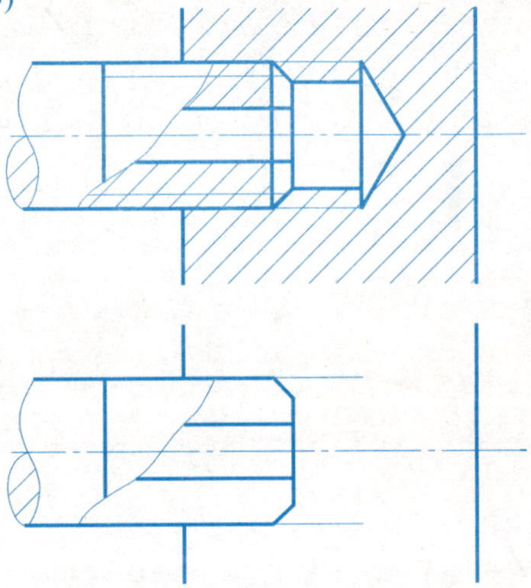

2. 按规定标注螺纹的规定代号。

(1) 普通螺纹，大径 12 mm，螺距 0.75，左旋，中径、顶径公差带 6h，中等旋合长度。

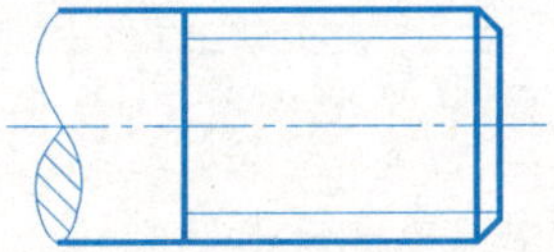

(2) 粗牙螺纹，大径 10 mm，螺距 1.5, 中径、顶径的公差代号为 7H，右旋，长旋合长度。

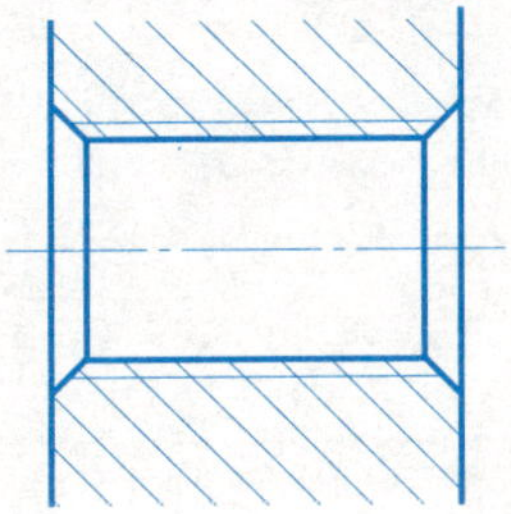

3. 根据螺纹代号，填写螺纹各要素。

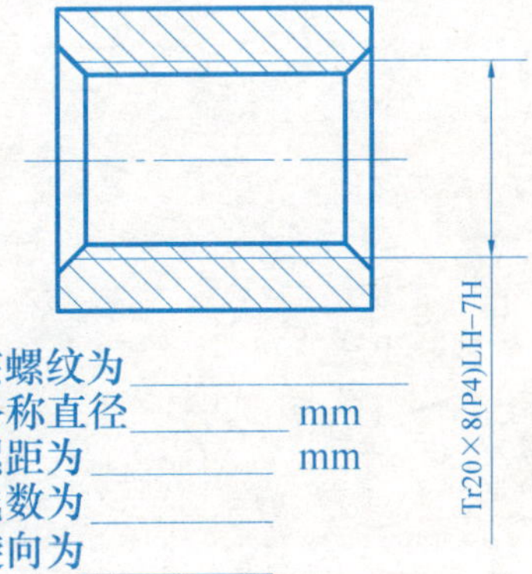

该螺纹为________

公称直径________mm

螺距为________mm

线数为________

旋向为________

4. 螺纹紧固件的连接。

(1) 画螺栓连接的三视图（主视图用全剖表达）。

已知条件：

螺栓 GB/T 5782—2000M16×____
螺母 GB/T 6170—2000M16
垫圈 GB/T 97.1—2002 16

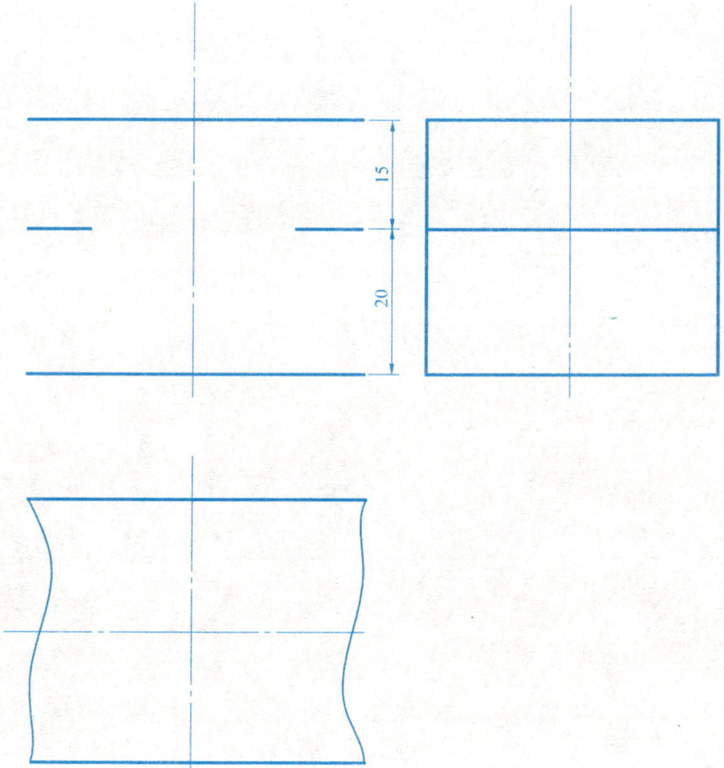

(2) 分析螺柱连接视图中的错误，将正确的图形画在右边。

(1)根据图中轴的轴径（在图上量取），查表画出键槽 *A—A* 断面图，并标注相关尺寸（含公差）。

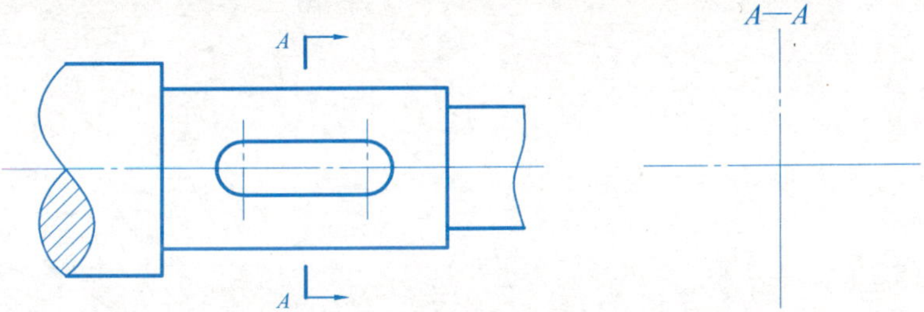

(2)画出（1）中轴相配合的齿轮轴孔的键槽图，并标注尺寸（含公差）。

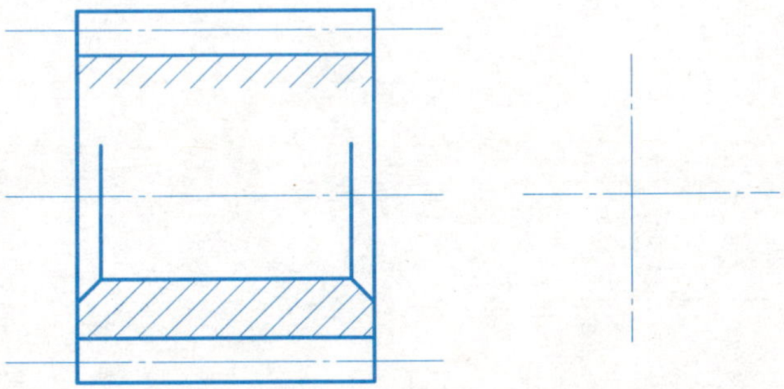

(3)画出（1）和（2）中的轴和齿轮用键连接的装配图，并写出键的规定标记。

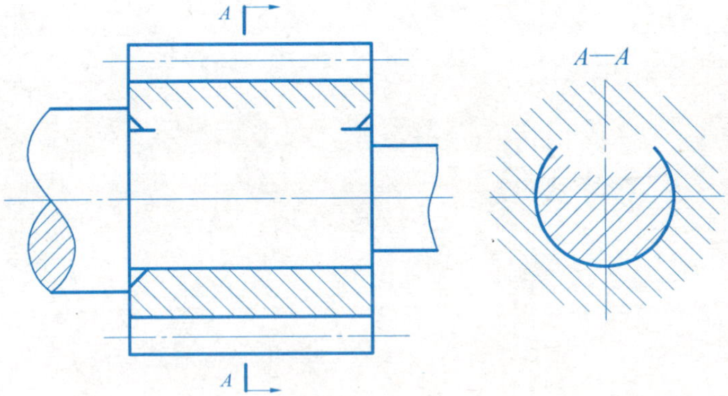

标记________________

1. 用直径 d=6 的圆锥销连接下图两零件，并写出该销的标记。

标记______________

2. 用直径 d=8 的圆柱销连接下图两零件，并写出该销的标记。

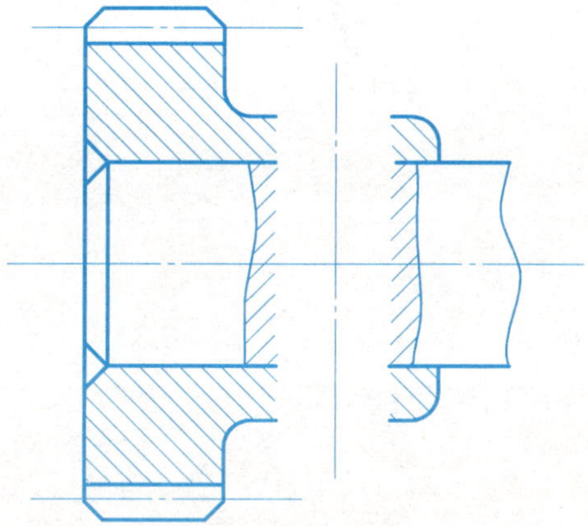

标记______________

根据下图，用规定画法按 1:1 比例补全滚动轴承（深沟球轴承）的视图。

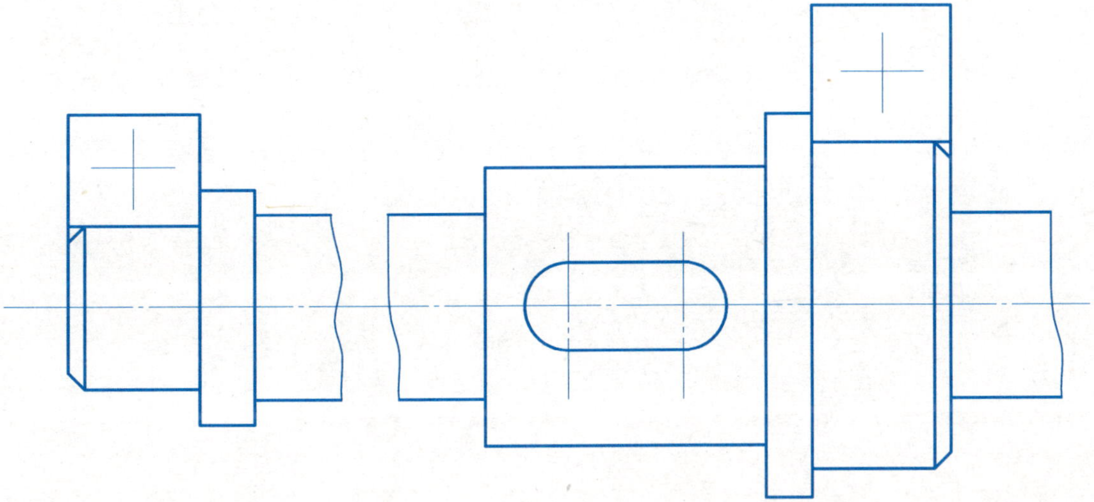

1. 已知直齿齿轮的模数 $m=2$，齿数 $z=35$，计算相关尺寸，补全下图。

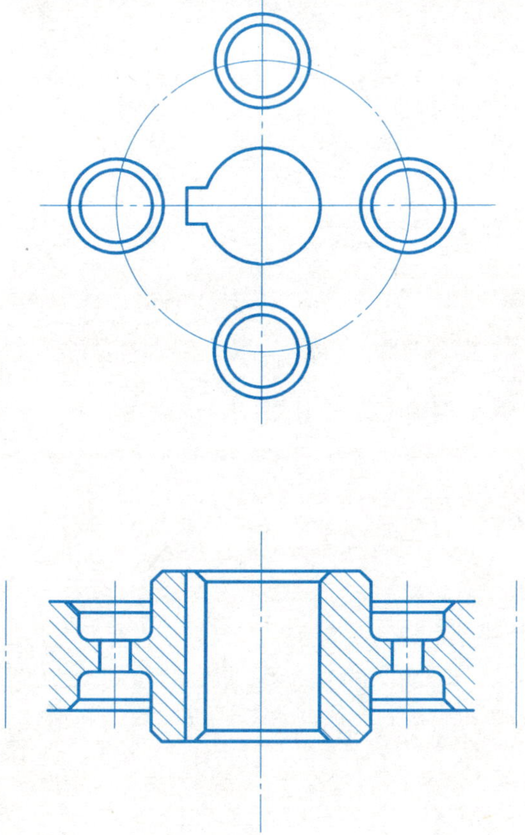

2. 根据下图完成直齿圆柱齿轮的啮合图（尺寸从图上量取）。

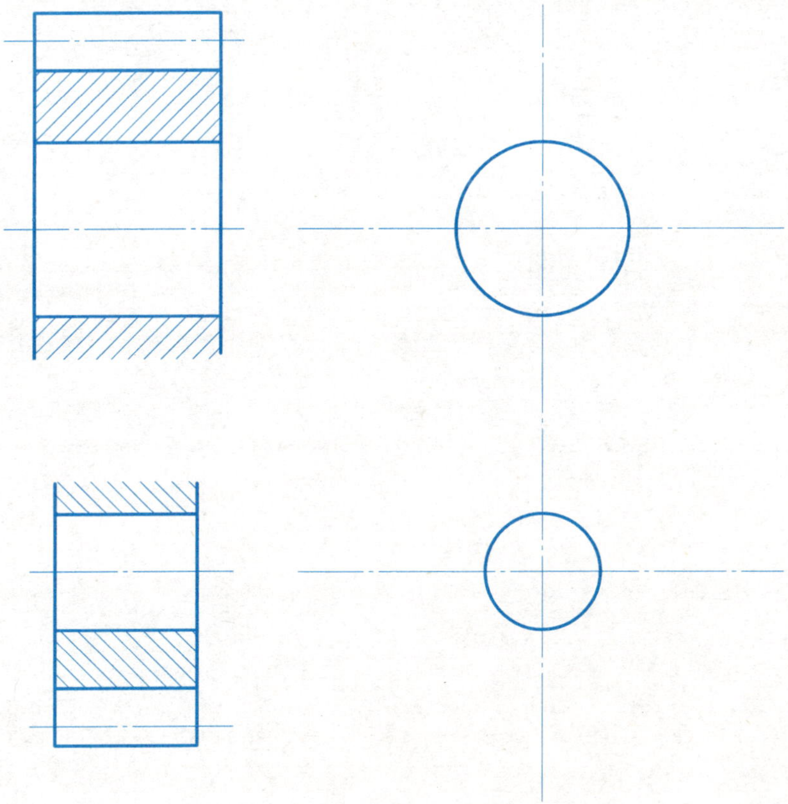

1. 抄绘连接盘零件图，A3 图纸，比例 2:1。

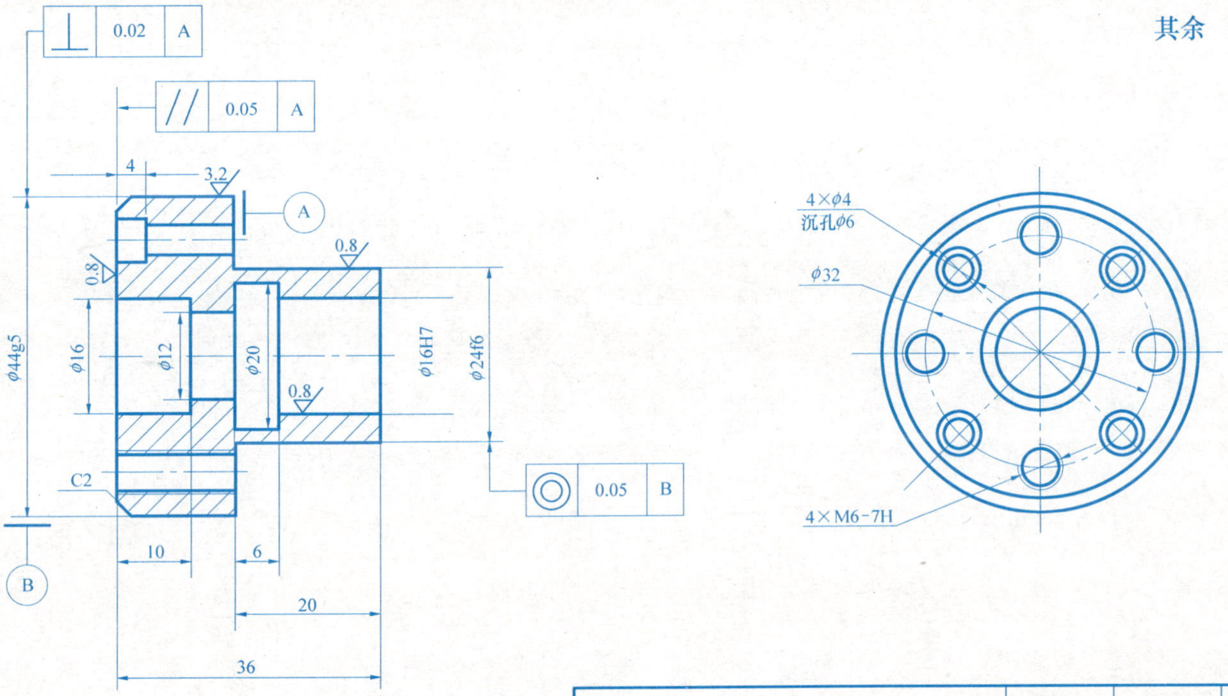

连接盘		比例	数量	材料	图号
		1:1	1	45	
制图	（姓名）	（学号）	（学校）		
审核		（日期）			

2. 抄绘压盖零件图，A3 图纸，比例 2:1。

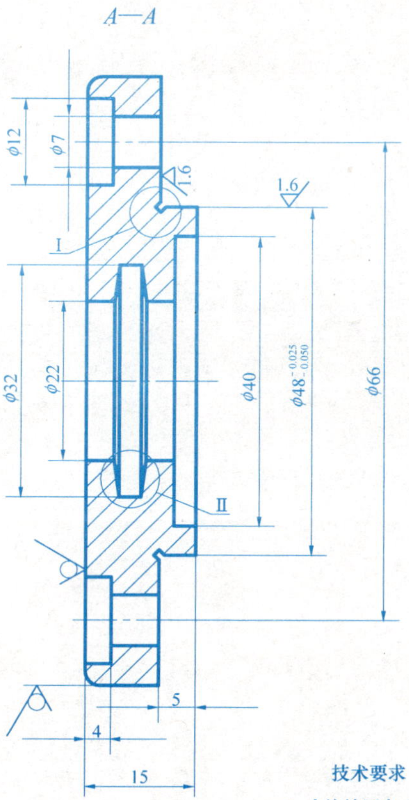

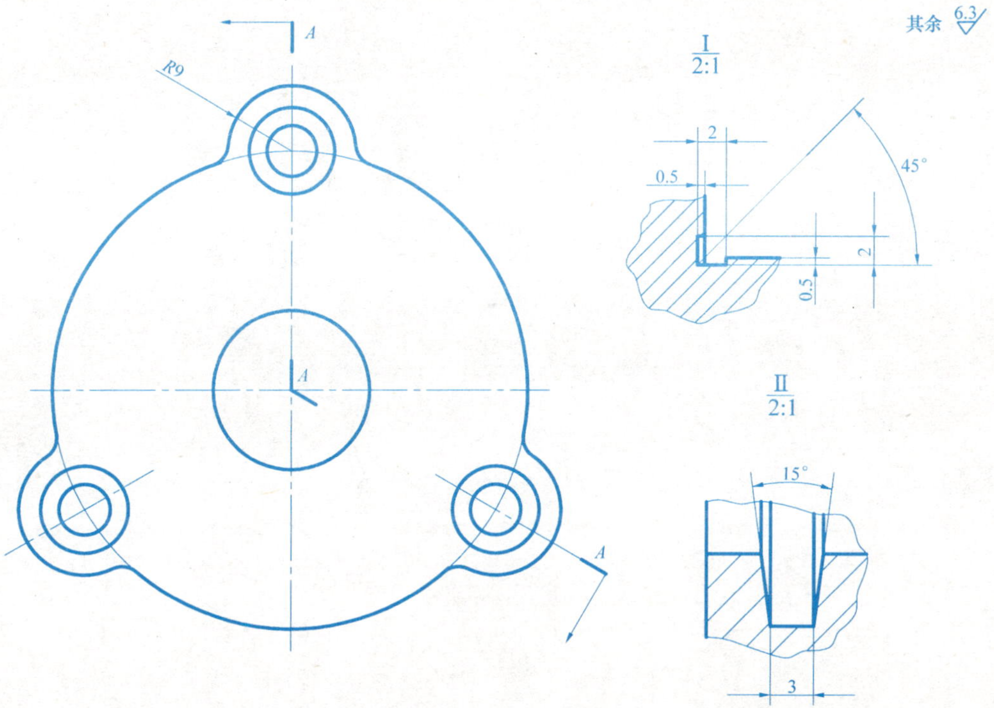

技术要求

1. 未注铸圆角 *R*2~*R*3；
2. 内外边缘锐角倒钝 C0.3。

压 盖		比例	数量	材料	图号
		1:1	1	HT150	
制图	（姓名）	（学号）	（学校）		
审核		（日期）			

1.读连接盘零件图(10-1)和压盖零件图(10-2),完成下列要求。

(1)分析零件视图的特点。

(2)根据零件图分析两个零件的结构形状特点。

(3)分析长度、宽度和高度方向的主要尺寸基准。

(4)根据两零件图所标注的技术要求，解释主要的尺寸公差、表面粗糙度、形位公差等项目的要求。

2. 看端盖零件图，做下列各题：

（1）画 A—A 剖视图（对称机件剖视图画一半）。

（2）表面Ⅰ的粗糙度代号为__________，表面Ⅱ的粗糙度代号为__________，表面Ⅲ的粗糙度代号为__________。

（3）尺寸 ϕ70d11，其基本尺寸为__________，基本偏差代号为__________，标准公差等级为__________。

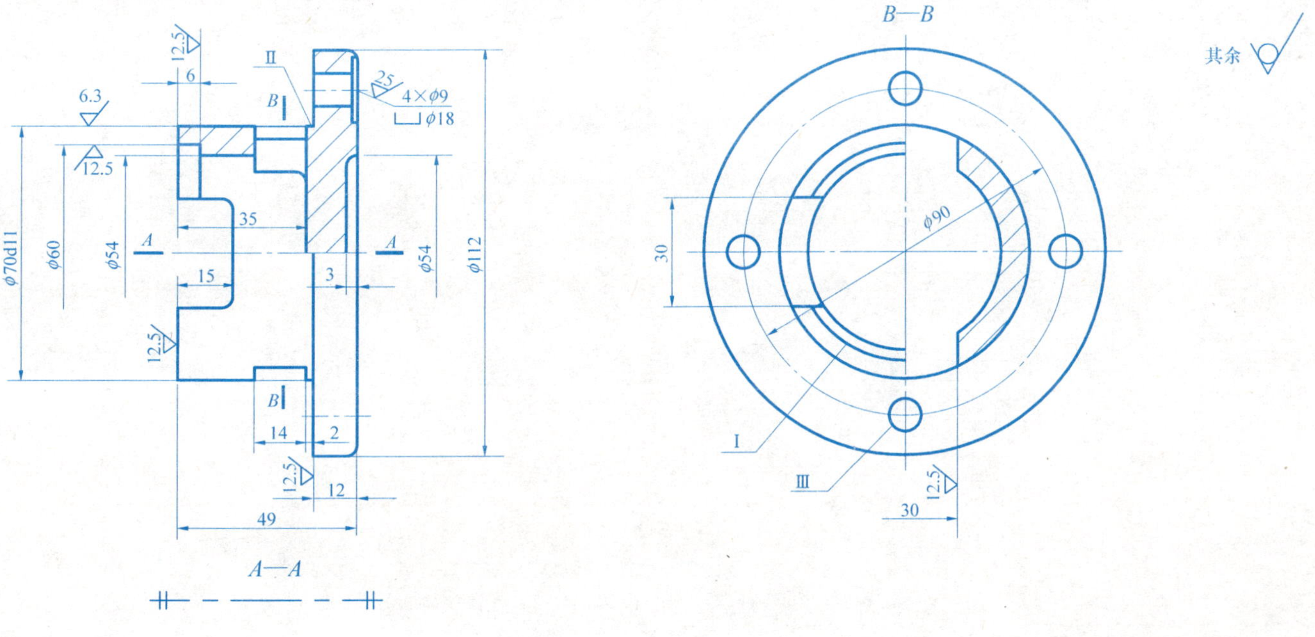

铸造圆角 $R3$

制 图			端　　盖	图号
校 核				
（校名）	班	材料　HT200	数量 1	比例 1:2

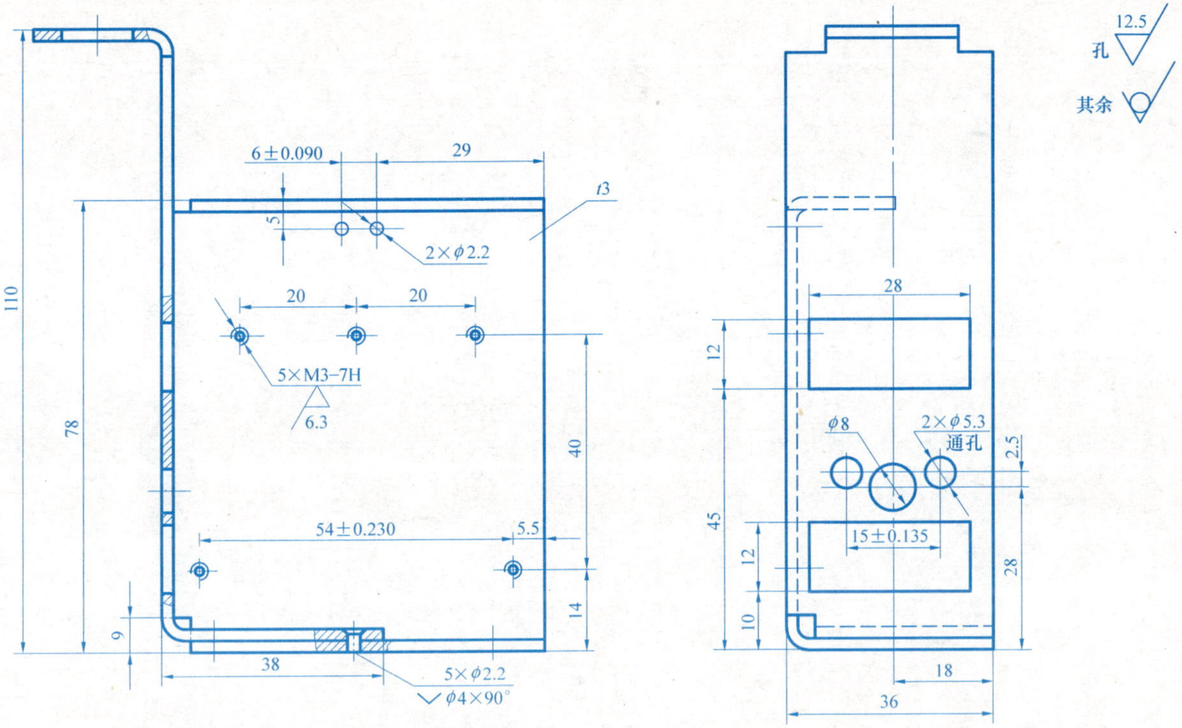

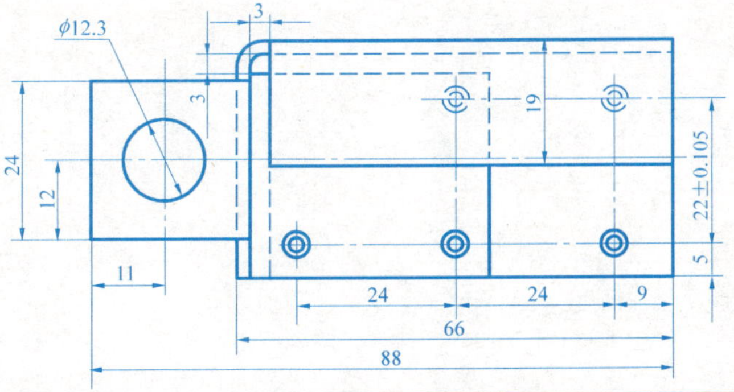

3. 看懂支架零件图，想出支架的形状，画其右视图，并用硬纸板做出实际模型，其上圆柱孔的位置用点画线表示即可。

折弯处内圆角 $R2$

制图			支　　架		图号
校核					
(校名)		班	材料　硬铝	数量 1	比例 1:1.25

4. 读底座零件图，在指定位置画出左视图外形图。

其余 ▽

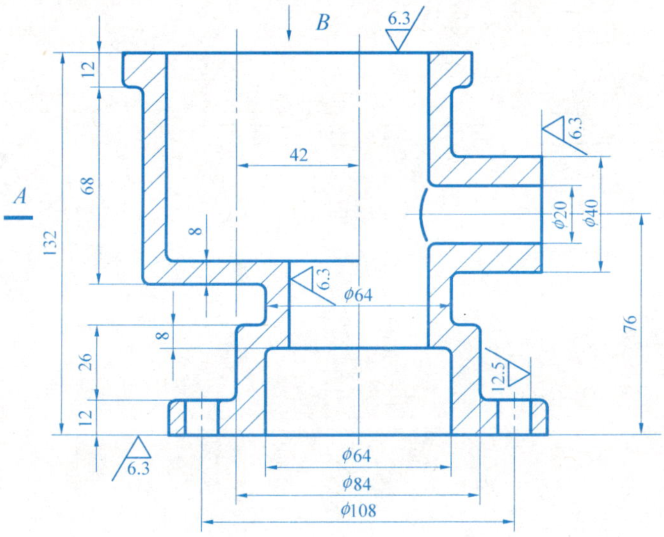

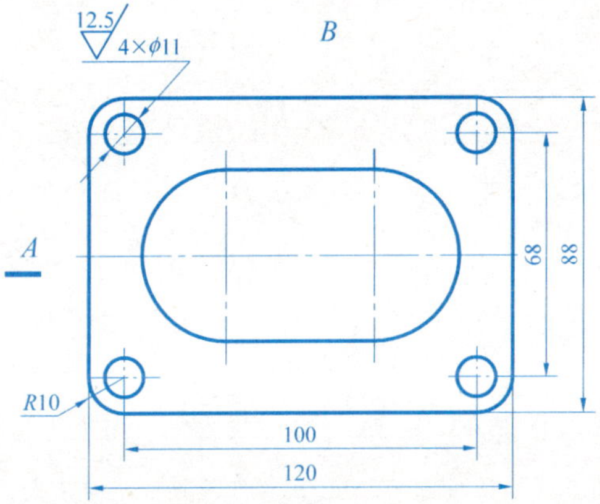

左视图外形图

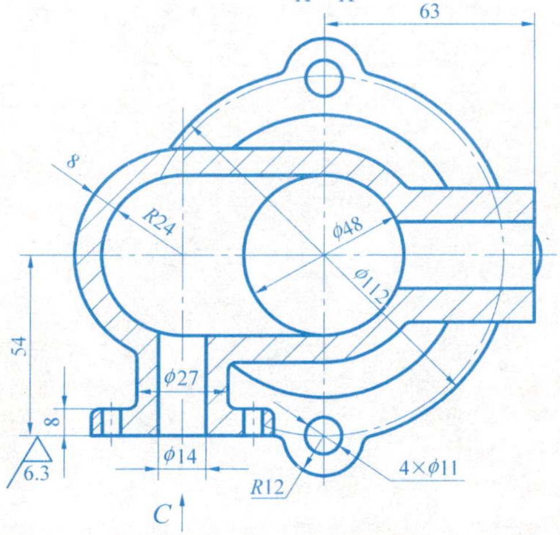

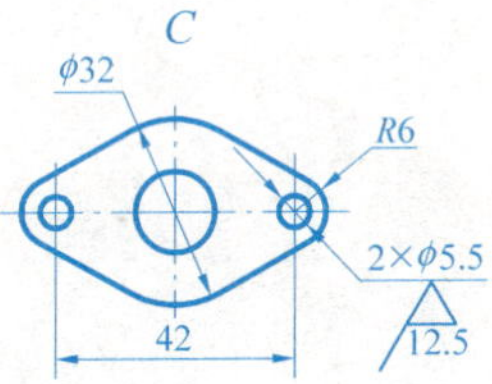

技术要求

① 未注圆角R3。

② 铸件不能有气孔、裂纹等缺陷。

制 图			底　　座	图号
校 核				
(校名)	班	材料HT150	数量 1	比例 1:2.5

1.画支座的零件图(A3图幅，比例1:1)。

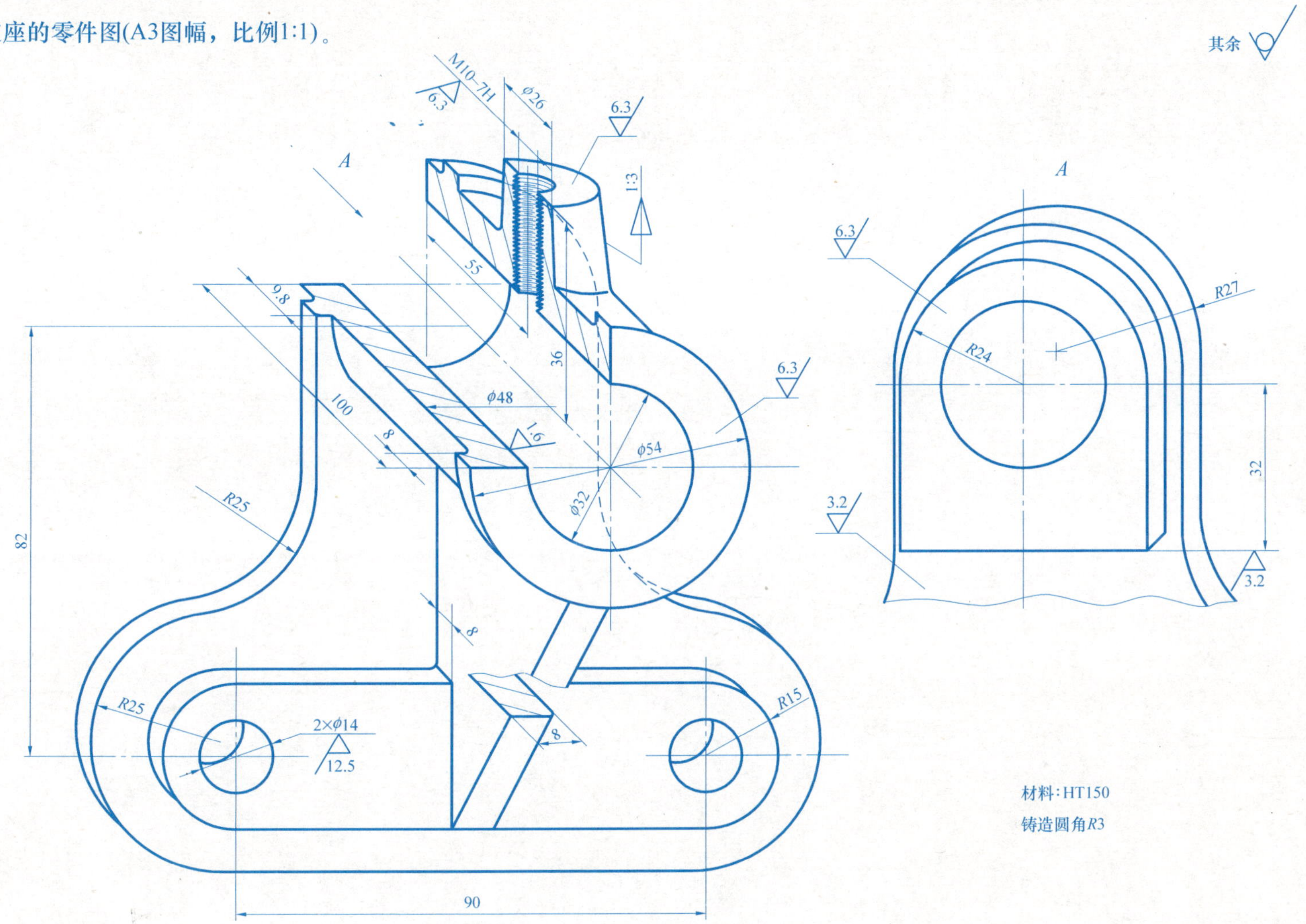

材料：HT150

铸造圆角R3

10－7	绘制零件图	班级		学号		姓名		审阅		日期	106

2.画座盖的零件图(A3图幅，比例1:1)。

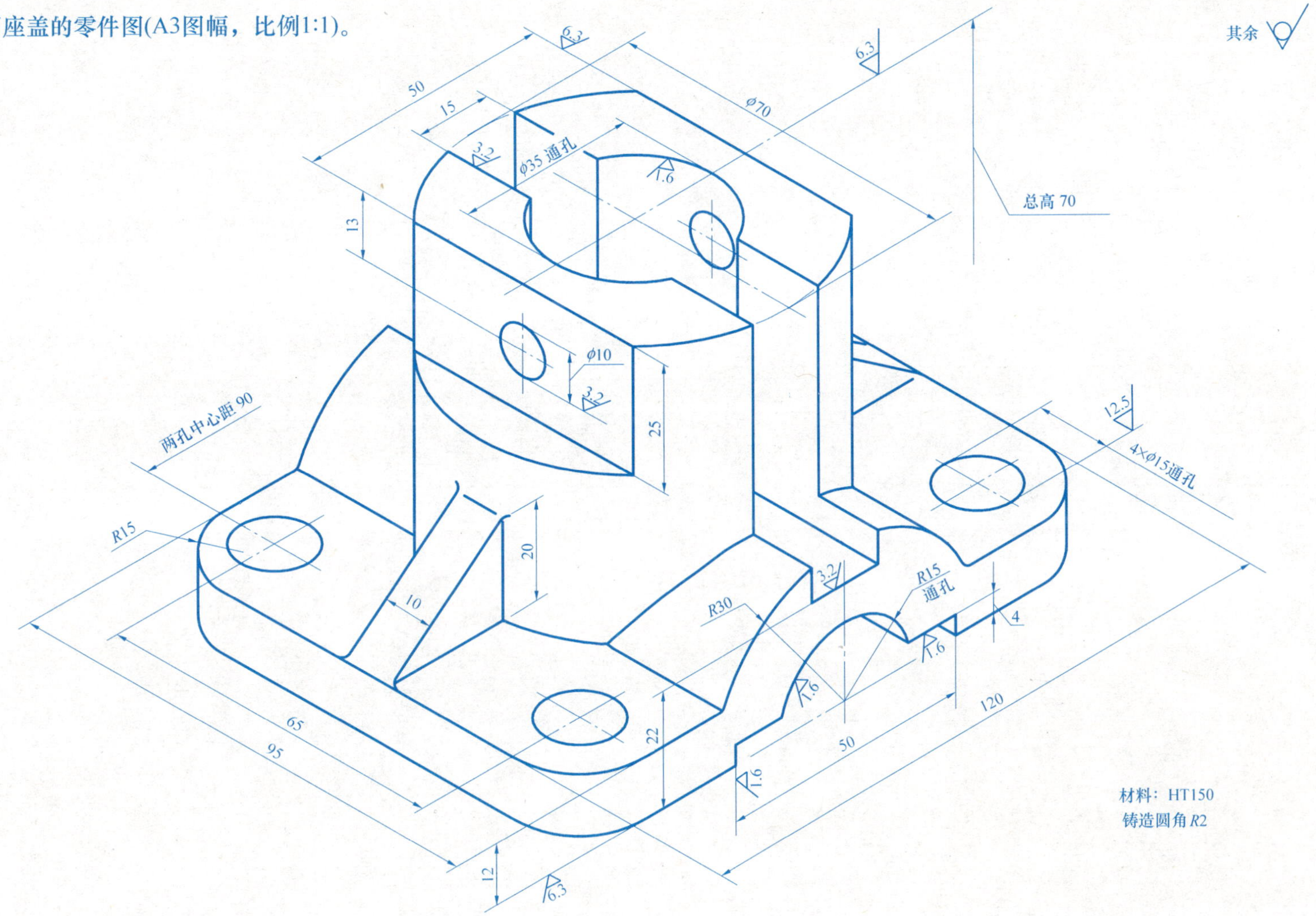

材料：HT150

铸造圆角*R*2

3. 根据托架的轴测图绘制其零件图（材料：08F 钢板）。

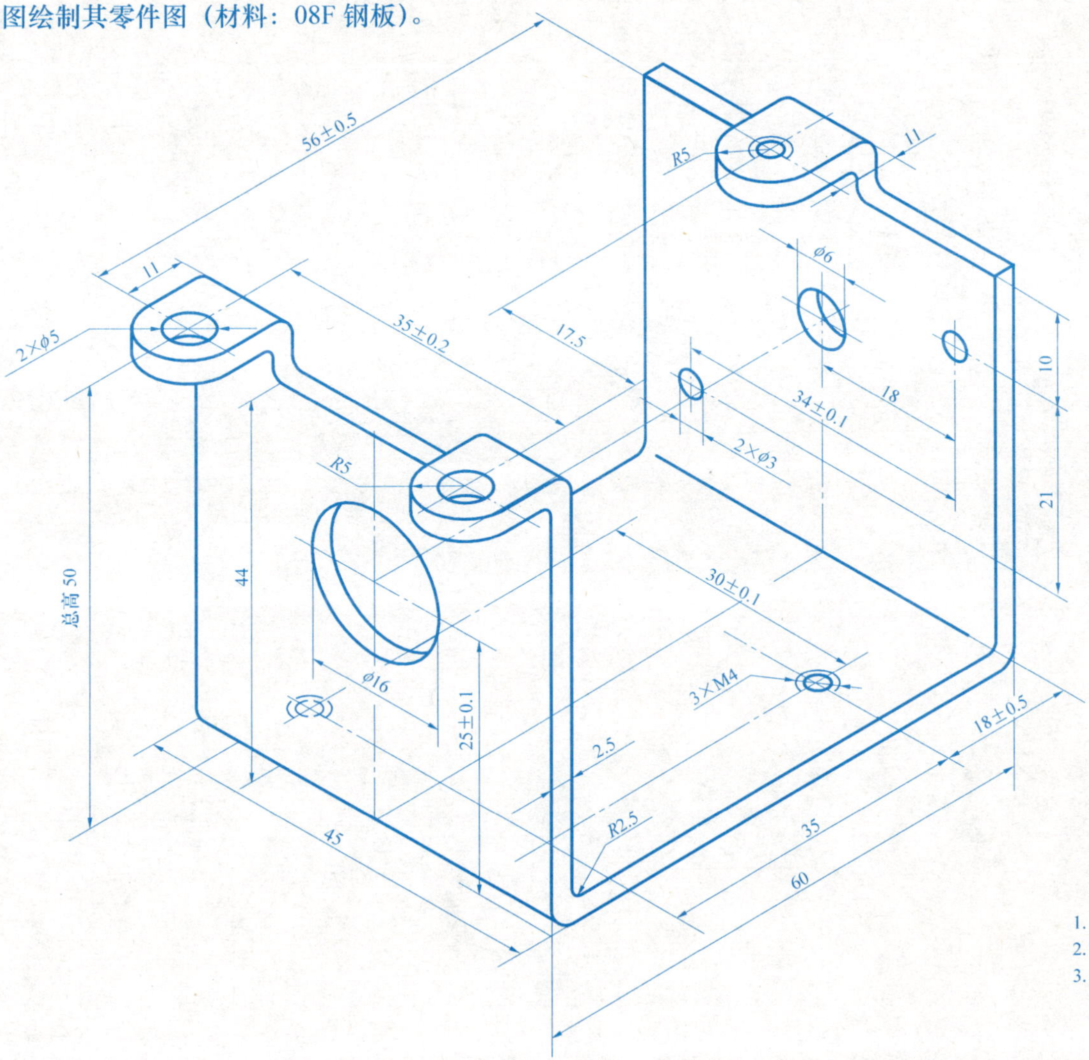

技术要求

1. 表面镀锌钝化。
2. 未注圆角 *R*1.5~*R*2。
3. 图中孔均为通孔。

第十一章　装配图

1. 由零件图画装配图完成下列作业。

作业要求：根据给出的打印机装配示意图和零件图，采用 1:1 比例绘制装配图。

打印机的用途及工作原理：

打印机用于为工件作出标记。工作时，将工件放在模座组件（10）上，用力按下撞杆（6），使印模（9）在工件上压出标记。弹簧（7）可使撞杆（6）复位。印模（9）和模座组件（10）可根据工件标记的不同进行更换。

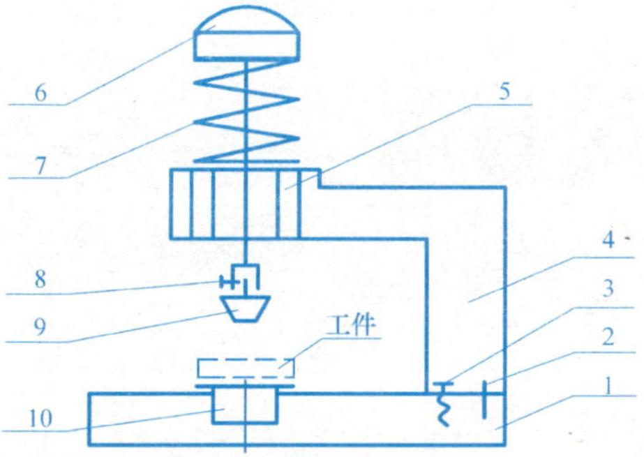

弹簧（7）d=1.5　D=20　t=6　n=6　n_1=8.5

序号	代号	名称	数量	材料	单件重量	总计重量	备注
10	05.01.06	模座套	1	Q235			
9	05.01.05	印 模	1	T8			
8	GB73—85	螺钉 M3×6	1	Q235			
7	GB75—85	弹 簧	1	65Mn			
6	05.01.04	撞 杆	1	45			
5	05.01.03	衬 套	1	ZQSn6-6-3			
4	05.01.02	支 架	1	HT250			
3	GB5782—86	螺栓 M6×25	4	Q235			
2	GB119—86	销 4h6×30	2	45			
1	05.01.01	底 座	1	HT250			

打印机装配示意图	比例	图号	05.01.00
	共 张	第 张	
	(单位)		

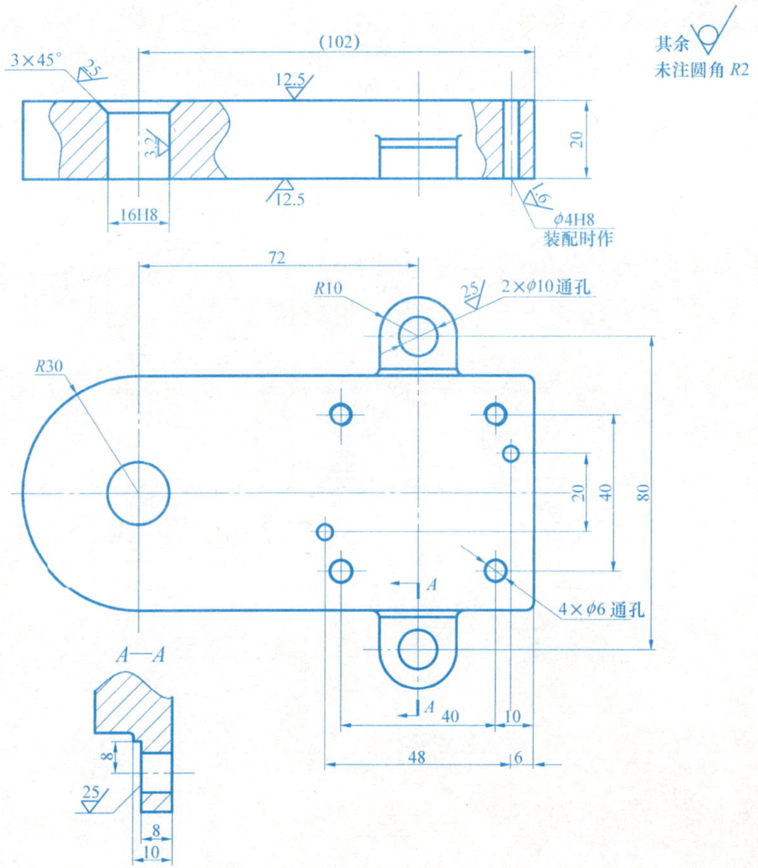

底座	序号	1	图号	05.01.01
	比例	1:1	材料	HT250

1.由零件图画装配图完成下列作业(续1)。

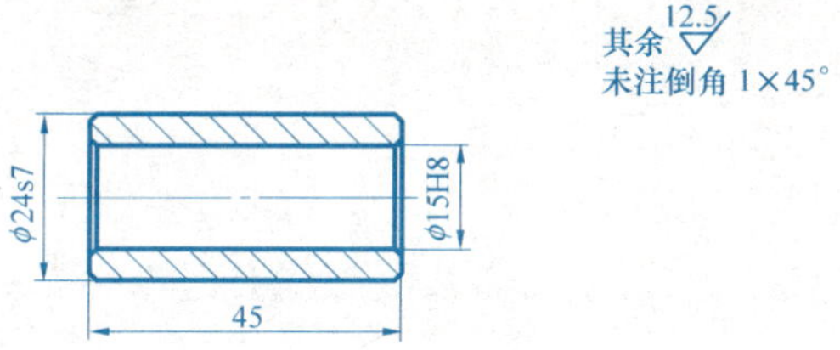

衬套	序号	5	图号	05.01.03
	比例	1:1	材料	ZQSn6-6-3

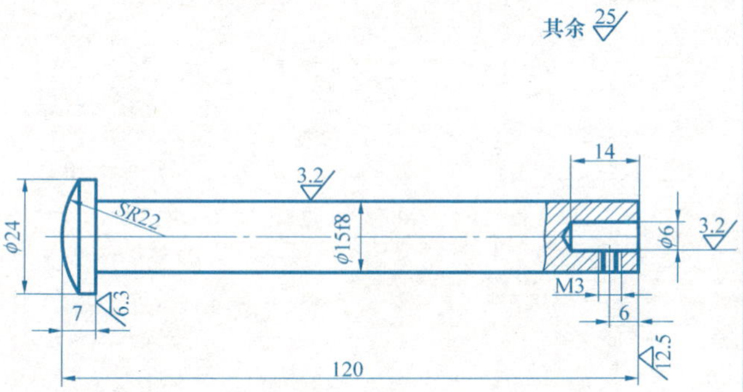

撞杆	序号	6	图号	05.01.04
	比例	1:1	材料	45

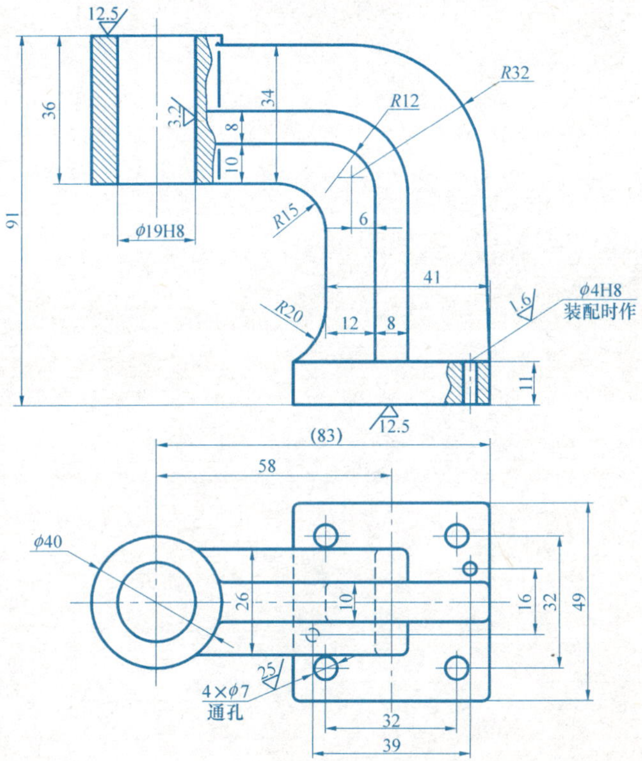

支架	序号	4	图号	05.01.02
	比例	1:1	材料	HT250

11－2	绘制装配图	班级		学号		姓名		审阅		日期		110

1.由零件图画装配图完成下列作业(续2)。

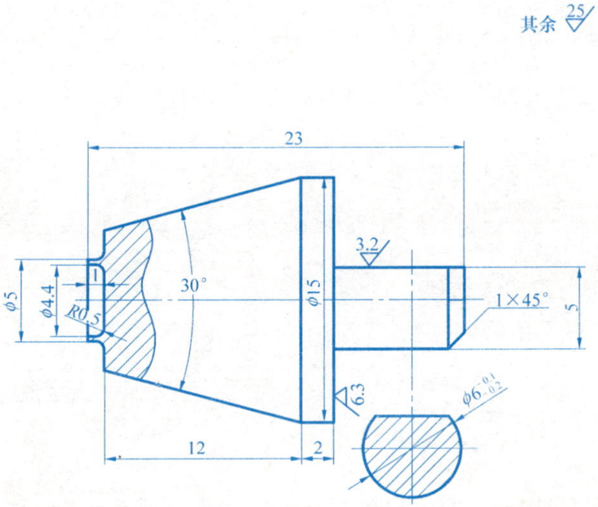

印模	序号	9	图号	05.01.06
	比例	4:1	材料	T8

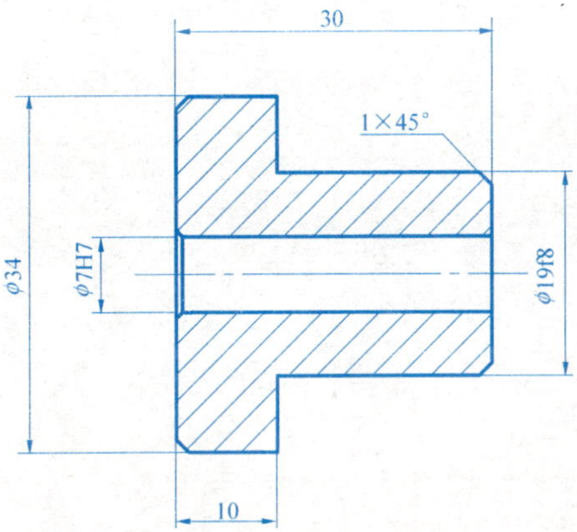

模座套	序号	10	图号	05.01.07
	比例	2:1	材料	A3

2. 由零件图画装配图完成下列作业。

(1)夹紧卡爪装配示意图，其中标准零件两种：

6 螺钉 GB70—85 M8×16（6 件）8 螺钉 GB71—85 M6×12(2 件)

(2)夹紧卡爪工作原理：

夹紧卡爪是组合夹具，在组合机床上用来夹紧工件。它由 8 种零件组成（见本页的装配示意图）。

当用扳手旋转螺杆 2 时，靠梯形螺纹传动使卡爪 1 在基体 4 内左右移动，以便夹紧或松开工件。

(3)作业要求：

根据夹紧卡爪的装配示意图及成套零件图，用 1:1 的比例绘制其装配图。

装配图建议采用主、俯、左三视图，主、左视图投影方向见装配示意图。

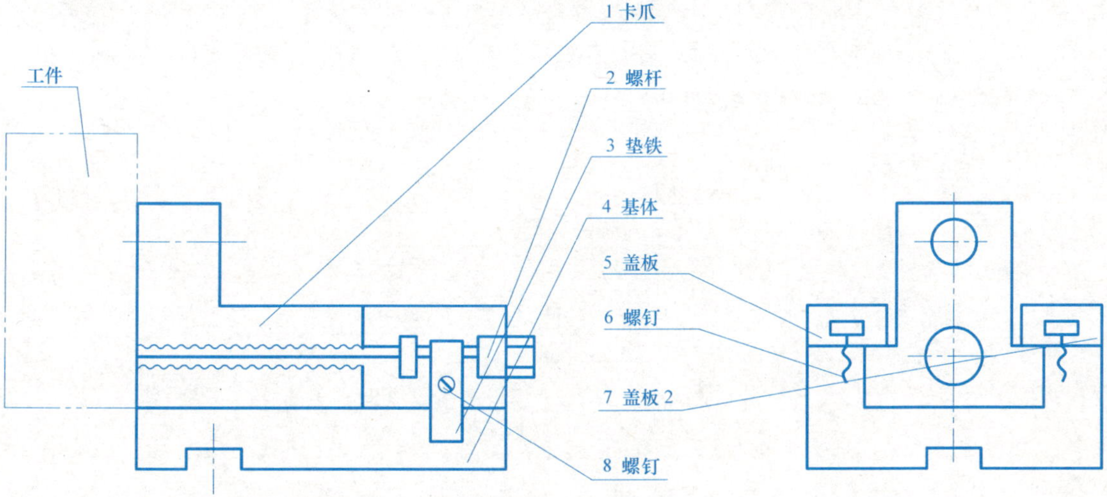

2. 由零件图画装配图完成下列作业(续 1)。

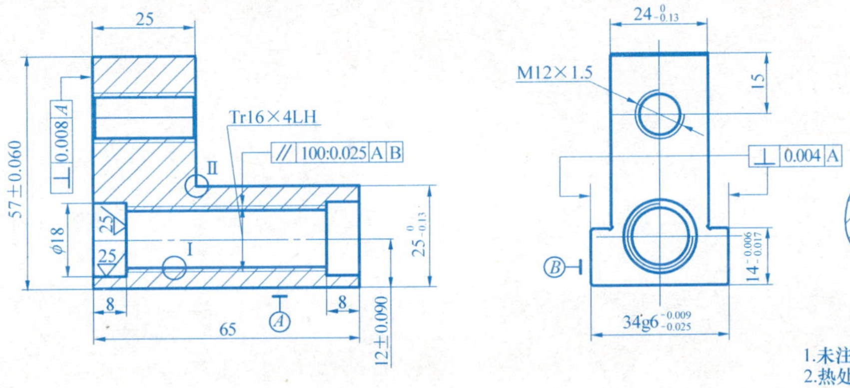

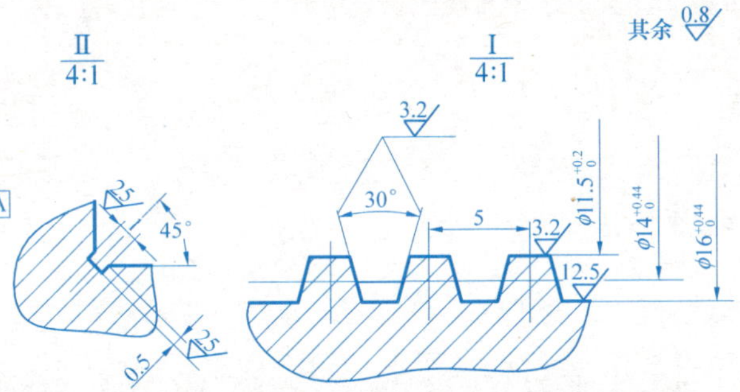

技术要求

1.未注明倒角0.5×45°，12.5。

2.热处理50–55HRC,渗碳深度0.8~1.2。

卡爪	序号	1	图号	05.01.01
	比例	1:1	材料	20Cr

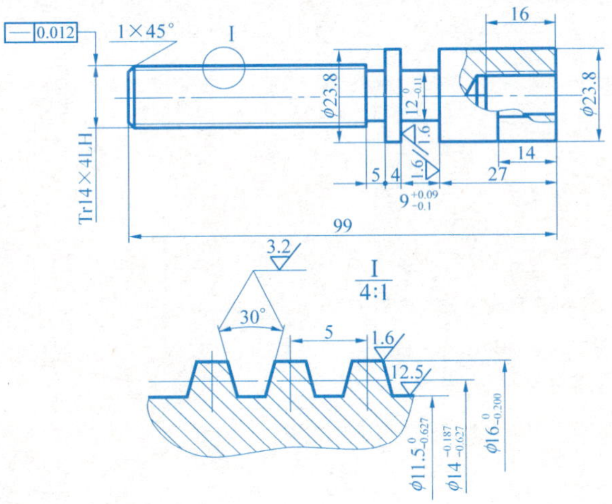

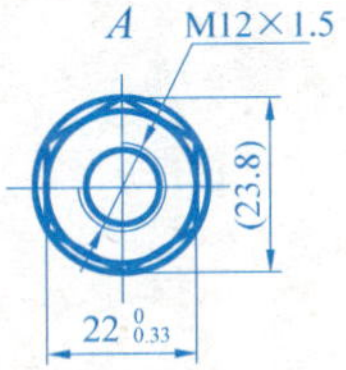

其余 3.2

技术要求

1.锐棱倒角0.5×45°，12.5。

2.热处理36–40HRC。

螺杆	序号	2	图号	05.01.02
	比例	1:1	材料	40Cr

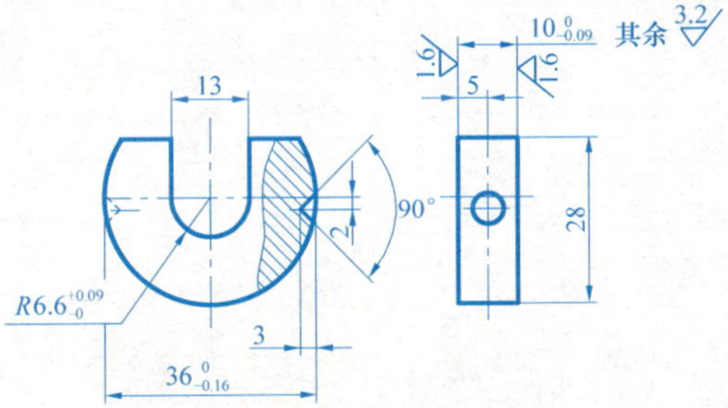

技术要求

1.锐棱倒角0.5×45°，12.5。

2.热处理40–45HRC。

垫铁	序号	3	图号	05.01.03
	比例	1:1	材料	T8A

2. 由零件图画装配图完成下列作业(续 2)。

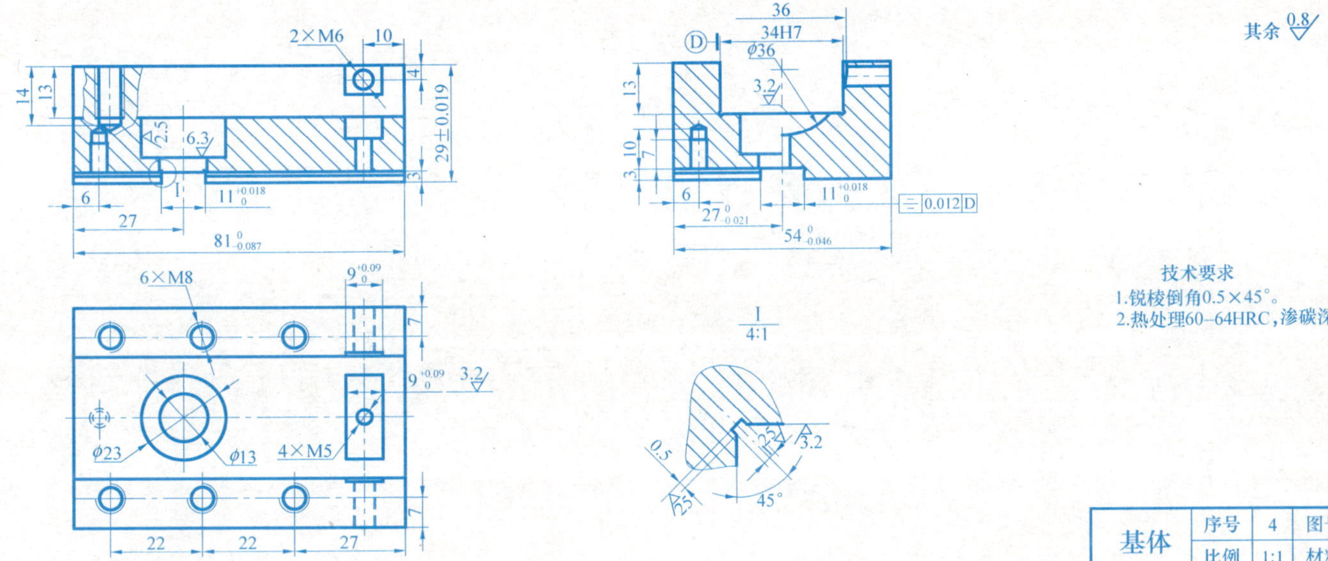

技术要求

1.锐棱倒角0.5×45°。
2.热处理60–64HRC，渗碳深度0.8~1.2。

基体	序号	4	图号	05.01.04
	比例	1:1	材料	40Cr

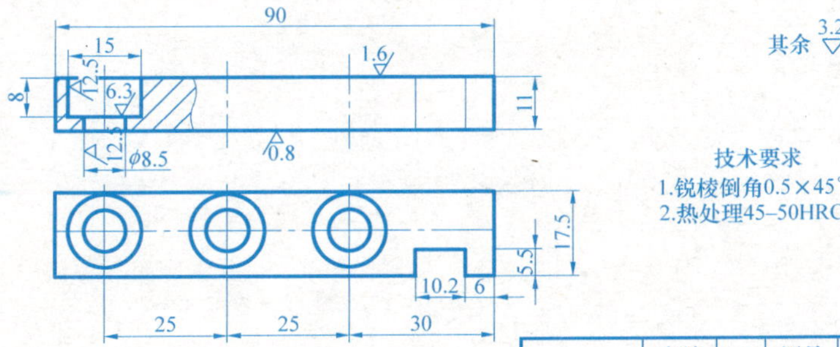

技术要求

1.锐棱倒角0.5×45°。
2.热处理45–50HRC。

盖板1	序号	5	图号	05.01.05
	比例	1:1	材料	40Cr

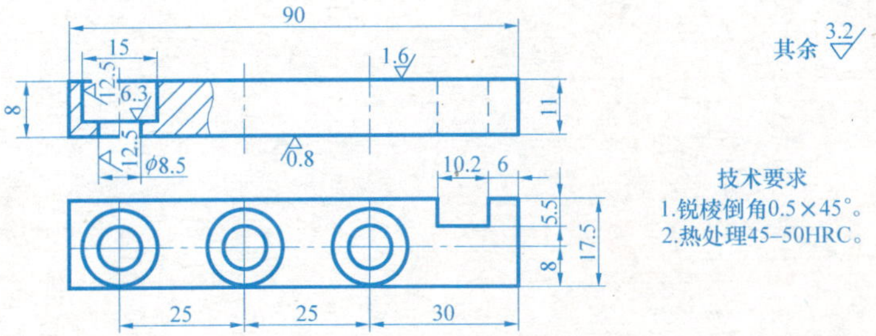

技术要求

1.锐棱倒角0.5×45°。
2.热处理45–50HRC。

盖板2	序号	7	图号	05.01.07
	比例	1:1	材料	40Cr

1.读微动机构的装配图完成作业。

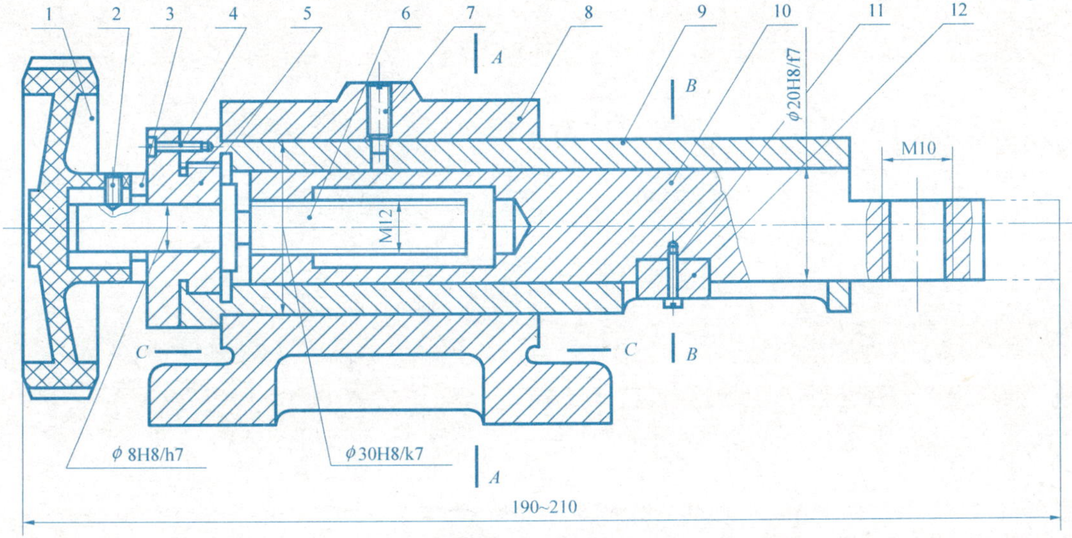

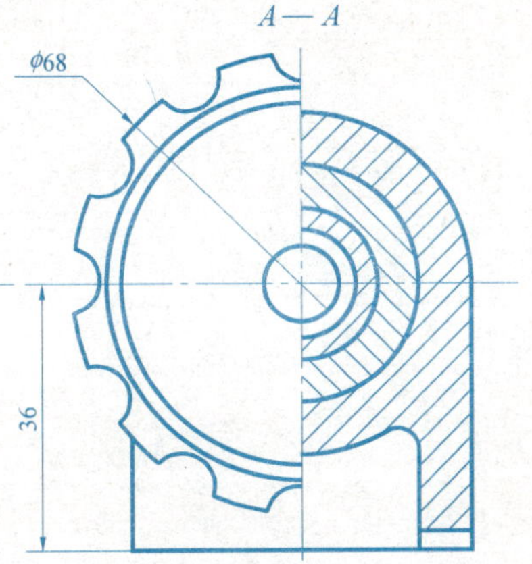

技术要求

装配后转动手轮时，螺杆应转动灵活且导杆的轴向移动平稳。

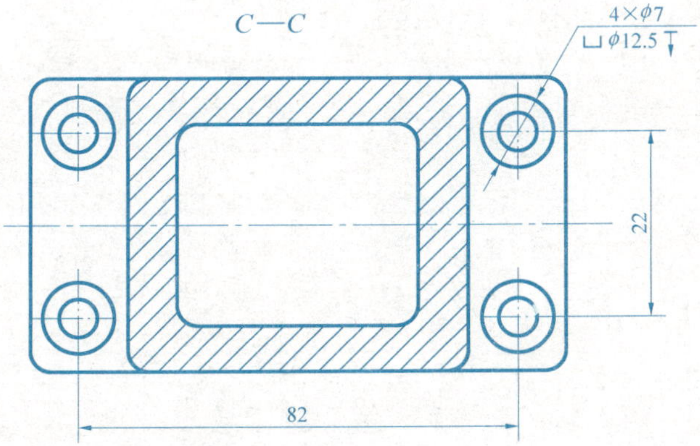

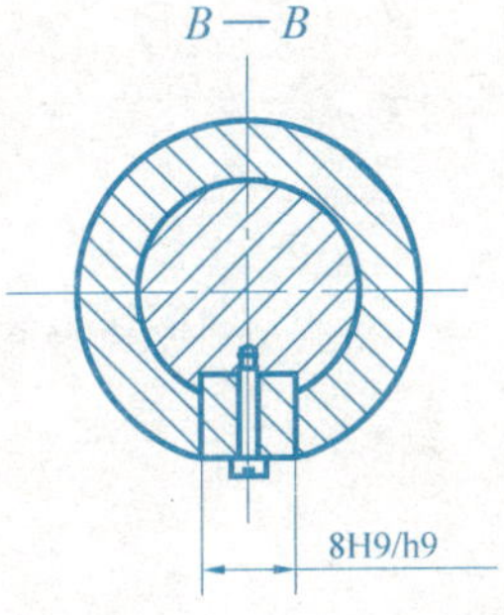

序号	代号	名称	数量	材料	单件重量	总计重量	备注
12	05.01.08	键 8×16	1				
11	GB65–85	螺钉M3×14	1				
10	05.01.07	导　杆	1				
9	05.01.06	导　套	1				
8	05.01.05	支　座	1				
7	GB75–85	紧定螺钉M6×12	1				
6	05.01.04	螺　杆	1				
5	05.01.03	轴　套	1				
4	GB65–85	螺钉M3×8	3				
3	05.01.02	垫　圈	1				
2	GB71–85	紧定螺钉M5×8	1				
1	05.01.01	手　轮	1				

微动机构	比例	图号	05.01.00
		共　张	第　张
	（单　位）		

1. 读微动机构装配图完成作业(续)。

(1) 导套 9 与阀体 8 之间是如何连接的?

(2) 图中 B—B是什么图? 该图主要作用是什么?

(3) 图中ϕ20H8/f7 代表什么意思?

(4) 俯视图中的尺寸 82 和 22 在装配图中属于哪类尺寸?

(5) C—C 是什么图? 该图主要作用是什么?

(6) 拆画支座 8 的零件图。

2. 读齿轮油泵的装配图。

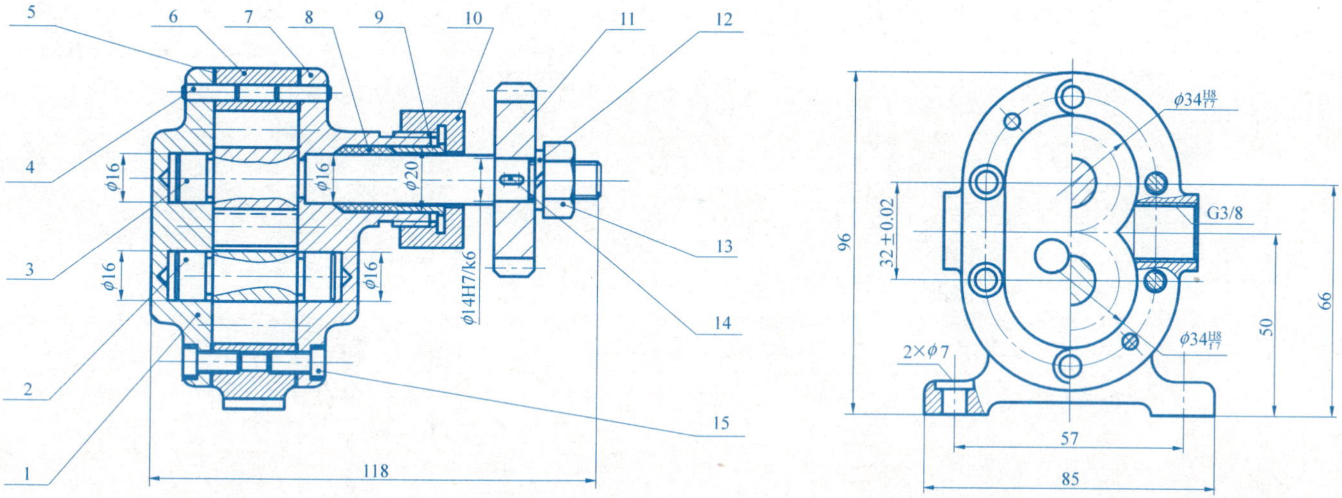

技术要求

1. 齿轮安装后，用手转动传动齿轮时，应灵活旋转。
2. 两齿轮轮齿的啮合面占齿长的 3/4 以上。

序号	代号	名称	数量	材料	单件重量	总计重量	备注
15	GB70—85	螺钉 M6×16	12	35			
14	GB1096—79	键 5×10	1	45			
13	GB6171—86	螺母 M12×1.5	1	35			
12	GB93—87	垫圈 12	1	65Mn			
11	09.01.10	传动齿轮	1	45			
10	09.01.09	压紧螺母	1	35			
9	09.01.08	轴　套	1	45			
8	09.01.07	密 封 圈	1	橡胶			
7	09.01.06	右 端 盖	1	HT200			
6	09.01.05	泵　体	1	HT200			
5	09.01.04	垫　片	2	纸			δ=1
4	GB119—86	销 A5×18	4	45			
3	09.01.03	传动齿轮轴	1	45			
2	09.01.02	齿轮轴	1	45			
1	09.01.01	左端盖	1	HT200			

齿轮油泵装配示意图	比例	图号	09.01.00
		共　张	第　张
		(单 位)	

2. 读齿轮油泵的装配图(续)。

(1)该齿轮油泵的传动齿轮轴 3 和左端盖 1 之间采用的是什么密封装置?

(2)ϕ34H8/f7 表示的是哪两个零件间的配合?是什么配合制?配合性质如何?

(3)尺寸 118、96、85 在装配图中属于哪类尺寸?

(4)拆画零件 7 右端盖的零件图。

1. 改画图中的错误。

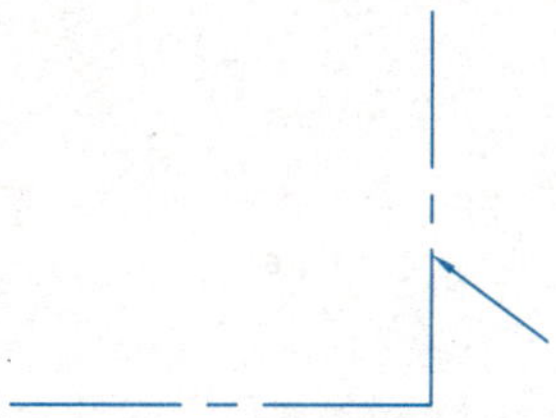

错误　　正确

指向功能单元的箭头

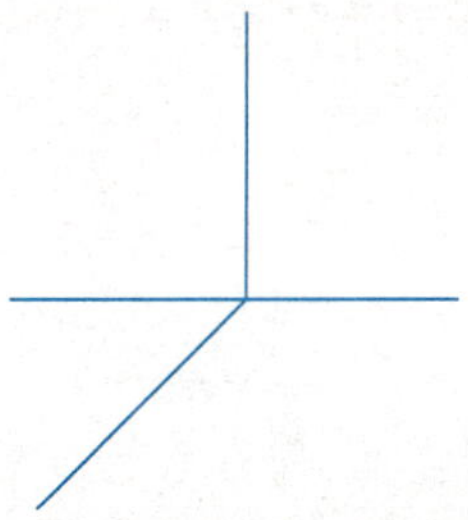

错误　　正确

连接线交叉

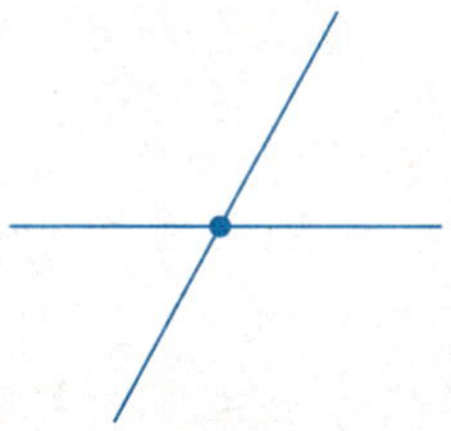

错误　　正确

连接线相交

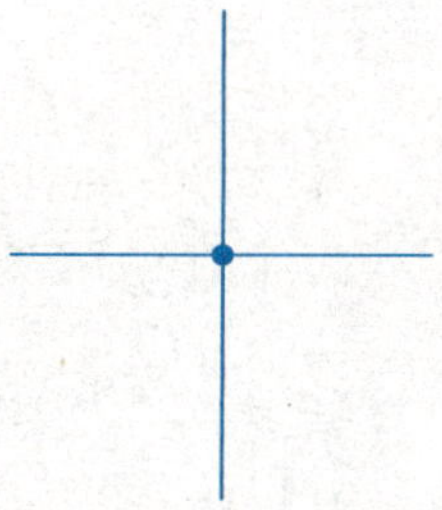

错误　　正确

连接线交叉

错误　　正确

信息线上的箭头

错误　　正确

连接线上的标记

2. 写出图形符号所表示的元器件名称。

3.画出正确的图形符号。

错误　　正确

原电池或蓄电池

错误　　正确

半导体二极管

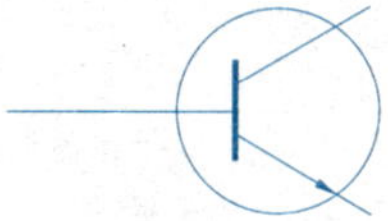

错误　　正确

NPN型半导体二极管

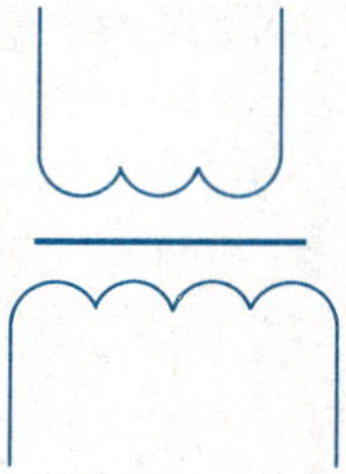

错误　　正确

变压器

错误　　正确

电容器

错误　　正确

电解电容器

4. 写出电气图形符号所表示的意义或名称。

分析并抄绘 C650−2 型普通车床电气控制电路图 (A3 图纸)。

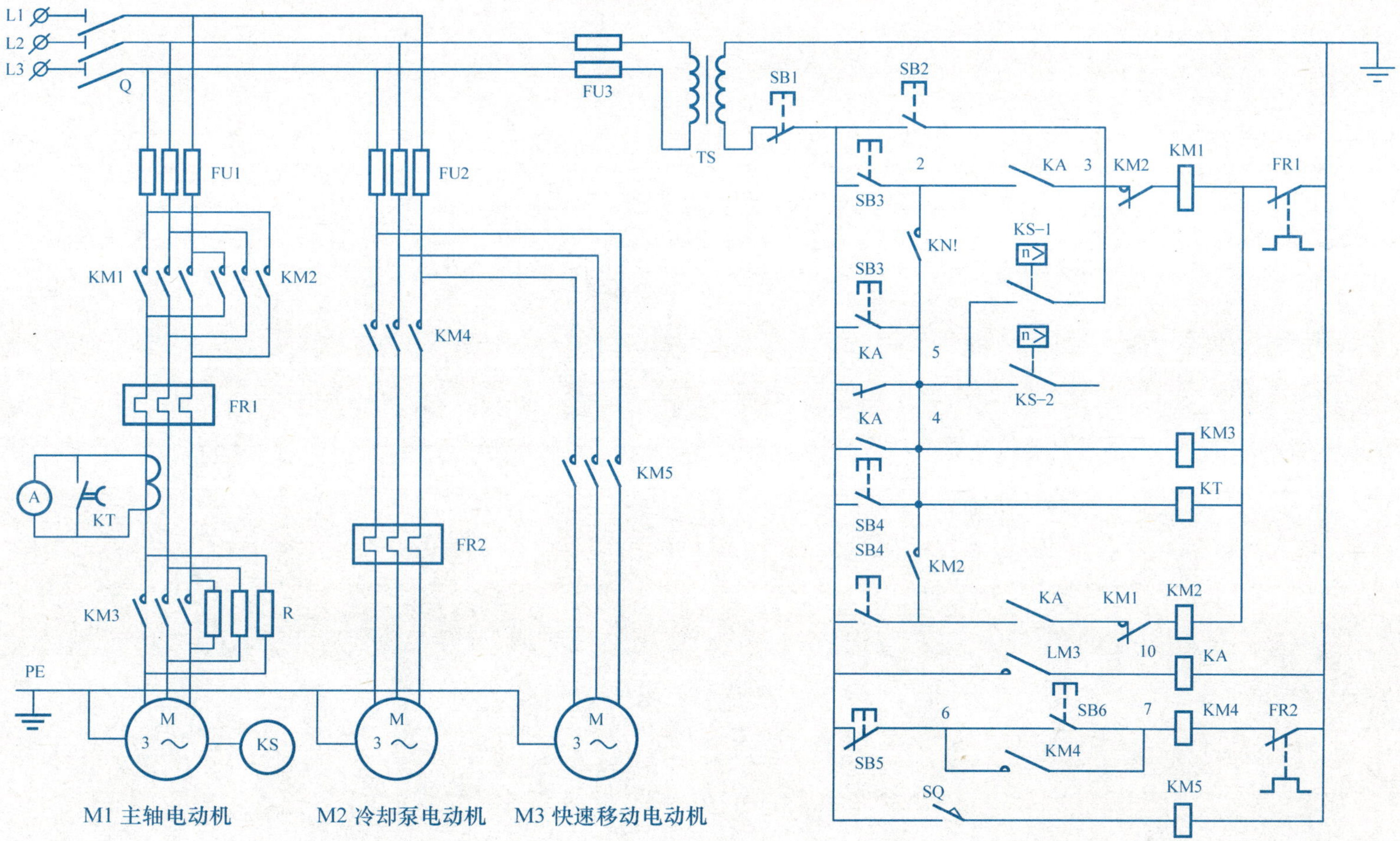

12 − 5	机床电气控制线路图	班级		学号		姓名		审阅		日期		123